C. A. BJERKNES

SEIN LEBEN UND SEINE ARBEIT

VON

DR. V. BJERKNES

PROFESSOR AN DER UNIVERSITÄT OSLO

AUS DEM NORWEGISCHEN INS DEUTSCHE

ÜBERTRAGEN VON

ELSE WEGENER-KÖPPEN

MIT 31 ABBILDUNGEN UND
EINEM BILDNIS

BERLIN
VERLAG VON JULIUS SPRINGER
1933

ISBN-13: 978-3-642-93876-4   e-ISBN-13: 978-3-642-94276-1
DOI: 10.1007/978-3-642-94276-1

ALLE RECHTE VORBEHALTEN.

SOFTCOVER REPRINT OF THE HARDCOVER 1ST EDITION 1933

Vorwort.

Indem ich diese Biographie meines Vaters abschließe, möchte ich wohl auf manches besonders aufmerksam machen und für anderes um Entschuldigung bitten. Es ist schwierig, über jemanden zu schreiben, der einem selbst sowohl in verwandtschaftlicher Beziehung als auch in bezug auf seine Lebensarbeit so nahegestanden hat. Es ist auch schwer, die Arbeit eines Wissenschaftlers für die Allgemeinheit zu schildern. Das pflegt besonders bei einem Mathematiker der Fall zu sein. In diesem Punkt hoffe ich allerdings, daß hier eine Ausnahme vorliegt. Die tragenden Ideen der Lebensarbeit von C. A. BJERKNES sind derart, daß jeder sie ohne Spezialkenntnisse verstehen kann.

Bei der Schilderung eines der Wissenschaft geweihten Lebens und der Voraussetzungen einer wissenschaftlichen Lebensarbeit müssen einerseits Züge der allgemeinen Entwicklung der Wissenschaft herangezogen, andrerseits kulturhistorische und lokalgeschichtliche Bilder gezeichnet werden, die für unser Land charakteristisch sind. Vor allen Dingen muß die Entwicklung unserer Universität während der Zeit beleuchtet werden, in der sie schwer darum kämpfte, sich aus kleinen Anfängen emporzuarbeiten. Was man von diesem verschiedenartigen Stoff und von persönlichen Zügen und Erinnerungen zu berücksichtigen hätte, darüber können die Meinungen verschieden sein. Wo ich selbst im Zweifel war, habe ich das ausgewählt, wovon ich annahm, daß er dabei verweilt hätte, wenn er selbst seine Erinnerungen geschrieben hätte. Dadurch bildet die Auswahl zugleich einen Beitrag zur persönlichen Charakteristik.

Ferner wird man sehen, daß das Buch weniger von errungenen wissenschaftlichen Erfolgen handelt als von der Arbeit, die es kostete, sie zu erringen. Das wirft ein Streiflicht auf die ungeheure Kräftevergeudung, mit der unser Kulturleben arbeitet.

Die gesellschaftlichen Zustände in Verbindung mit den Wechselfällen des Schicksals bedingen unweigerlich eine solche Kräfteverschwendung. Es ist die Aufgabe der Kulturpolitik, sie auf ein Mindestmaß zu beschränken, und eine Grundbedingung hierfür wäre, daß die bestimmenden Persönlichkeiten nicht ganz unbekannt wären mit dem Wesen der wissenschaftlichen Arbeit und den Bedingungen, die zu Sieg oder Niederlage führen. Ich hoffe, daß dies Buch dazu beiträgt, das Verständnis hierfür zu vergrößern und Sympathie für die zu erwecken, die sich aus innerem Antrieb für eine Arbeit opfern, die ihnen selbst keine sichtbaren Zinsen trägt, sondern nur Zinseszinsen, die den kommenden Geschlechtern zugute kommen.

Oslo, im September 1925.

V. BJERKNES.

Vorwort zur deutschen Ausgabe.

In dieser deutschen Ausgabe der Biographie meines Vaters sind gewisse kleine Änderungen vorgenommen worden. Einzelheiten, die nur norwegische Leser interessieren, sind weggelassen und dafür kleinere Erläuterungen, besonders geschichtlicher Art, hineingeflochten, die ausländischen Lesern willkommen sein dürften. Auch ist an ein paar Stellen die Diskussion wissenschaftlicher Fragen etwas weitergeführt worden, ohne jedoch den Charakter der Darstellung zu ändern. Das Buch wendet sich deshalb nicht nur an den Fachmann im engeren Sinne, sondern auch an jeden Leser, den es interessiert, dem Arbeitsleben eines hochstrebenden Forschers zu folgen, der mit seltener Ausdauer seinem Ziel entgegenarbeitet — und dazu dies alles gegen einen doppelten Hintergrund gesehen: die bescheidenen Verhältnisse in einem kleinen, neu sich aufbauenden Lande — und die großen Entwicklungsphasen der Physik im vorigen Jahrhundert.

Oslo, im Dezember 1932.

V. BJERKNES.

Inhaltsverzeichnis.

	Seite
Die Vorfahren	1
Die Jugend	10
Auf der Universität 1844—48	21
EULERS Briefe an eine deutsche Prinzessin	33
In der Bergwerkstadt 1848—54	40
Adjunktsstipendiat an der Universität 1854—55	67
Mit Auslandsstipendium 1855—57	72
Adjunktsstipendiat 1857—61. Provisorischer Lektor 1861 bis 1863. Selje	92
Lektor, später Professor für angewandte Mathematik 1863—69. Der erste Fortschritt 1868	110
Übergang zur reinen Mathematik 1869	119
Die Zeit von 1870—80. Der entscheidende Durchbruch 1875	126
Die elektrische Ausstellung in Paris 1881	150
Die Faraday-Maxwellsche Theorie	166
Rotierende Zylinder und ihre Analogie mit elektrischen Strömen	172
Fortgesetzte Wirksamkeit nach 1882	179
Die ABEL-Biographie	194
Schluß	206
Anhang: HOLMBOES Brief an BJERKNES über das Studium der Mathematik	216

BJERKNES in Sandsvär.

Die Vorfahren.

CARL ANTON BJERKNES stammt sowohl von Vater- wie von Mutterseite her aus norwegischen Geschlechtern. Die Familie des Vaters war aus Sandsvär, einer Pfarre im Nummedal, gebürtig. Soweit man sie zurückverfolgen kann, bis zur Zeit um 1500, hat die direkt aufsteigende Linie hier auf verschiedenen Höfen gesessen. Am längsten haben diese Vorfahren auf Vestre Evju gewohnt, das am Westufer des Laagensflusses liegt, gut 12 km südlich von Kongsberg, der Bergwerksstadt mit dem alten Silberbergwerk. Auf der anderen Seite des Laagen, direkt gegenüber den Evjuhöfen, liegen die Bjerkneshöfe. ISAK PEDERSEN EVJUS Sohn, DYRE ISAKSEN, kaufte 1744 den nördlichen, oberen Bjerkneshof. Der Hof liegt hoch in einer Biegung des Laagen. Die Aussicht nach Norden über das Tal ist weit und schön, im Hintergrund erhebt sich Jonsknuten bei Kongsberg. Der Kauf ging als öffentliche Versteigerung vor sich. Nach der Überlieferung wurde der Hof DYRE ISAKSEN mit einem Schilling Mehrgebot zugeschlagen. Nach ihm wurde er von seinem Sohne ISAK DYRESEN übernommen, welcher C. A. BJERKNES' Großvater war. Er starb 1807. Wie erzählt wird, fand man ihn eines Tages tot vor seiner Postille sitzend. Er hatte drei Söhne und zwei Töchter.

Der älteste Sohn, DYRE ISAKSEN, übernahm den Hof und kaufte später Vestre Evju dazu. C. A. BJERKNES' früheste Erinnerungen an die Heimatgemeinde und den Hof der Vorfahren stammen aus der Zeit, als er diesem Onkel gehörte. Er schilderte die Häuser als gut gebaut für jene Zeit, das Hauptgebäude war dasselbe wie auf dem Bilde. Es war stilvoll möbliert mit Kubbstühlen[1] und Spiegellampen an den Wänden. Nach seinen Erzählungen war der Onkel ein tüchtiger, unternehmender Mann, aber eine konservative Natur, die die alten Bräuche und Gewohnheiten hochhielt. Seinen Söhnen schenkte er zur Hochzeit Kubbstühle eigener Herstellung, ohne sich um ihren fortgeschrittenen Geschmack zu kümmern. Das Weihnachtsgelage war nach der Sitte der Zeit eine Art religiöser Pflicht. Es war das große Ereignis des Jahres. Ich habe es von seiner ältesten Tochter schildern hören. Es war nicht leicht für die Frauen des Hauses, erzählte sie, ganz allein zu Hause die Vorbereitungen zu treffen mit Schlachten, Backen und Branntweinbrennen, während die Männer im Walde arbeiteten. Manchmal kam Gesindel aus Kongsberg und verlangte Einlaß, um Kostproben zu bekommen und mit den Mägden zu schwatzen. Damals waren schlechte Zeiten in Kongsberg, weil das Silberbergwerk daniederlag. Aber dann kam das Fest, und es war Sitte in der Waldgemeinde, daß das Gelage auf dem nördlichsten Hofe bei DYRE ISAKSEN begann. Dann zogen sie weiter zum nächsten Hof, zu DYRE ANDERSEN und dann weiter südlich zu allen sechs Höfen des Namens BJERKNES, bis der zwanzigste Tag nach Weihnachten kam und der Weihnachtsbranntwein zu Ende getrunken war. Danach begann die Arbeit des Jahres. Im Winter war es Holzarbeit im Walde und außerdem all das Handwerk, das vor der Zeit der Fabriken auf den Höfen ausgeübt wurde. Nach der Überlieferung war eine bedeutende Handfertigkeit der Familie eigentümlich. Hand in Hand damit gingen mechanische Spekulationen, wie man erzählt sogar bis zum Problem des Perpetuum mobile. 1842 übergab DYRE ISAKSEN den Hof Bjerknes seinem ältesten Sohn ISAK und Evju dem zweiten Sohn HALVOR. Besonders der letztere war ein sehr tüchtiger Bauer und allgemein anerkannter Vertrauens-

---

[1] Stühle, die aus einem einzigen Stück Baumstamm ausgehöhlt waren.

mann der Gemeinde. Er war der Vater des Stortingabgeordneten JOHAN EVJU, der auch viele Jahre lang einer der führenden Männer der Gemeinde war.

Der zweite Sohn von ISAK DYRESEN, TORSTEIN ISAKSEN, muß nach allem, was von ihm erzählt wird, ein geistig und körperlich wohl ausgerüsteter Mann gewesen sein. Er war sowohl wegen seiner gewaltigen Körperkraft — über die jetzt noch Geschichten in der Gemeinde umgehen — als auch wegen seines wachen Geistes, seiner allseitigen Interessen und seiner großen Unternehmungslust allgemein bekannt. Als er 1812 oder 1813 einmal in den Bjerkneswald gegangen war, um ein Pferd zu suchen, kam er über die Berge hinunter zum Gunhildrudhof, der ebenso schön wie einsam am Ekernsee liegt. Er lernte die junge Witwe, geborene ELSTER, kennen, der der Hof gehörte, und heiratete sie bald darauf. Hier führte er ein tätiges Leben, brachte den Hof in die Höhe, baute den Fahrweg vom Hof am Ekernsee entlang zur Gemeinde Fiskum und wurde der Stammvater eines tüchtigen Geschlechtes, von denen die meisten als Bauern in Eker, bei Drammen und in Vestfold gelebt haben. Besonders sein ältester Sohn, ISAK BJERKNES auf Stormoen bei Drammen, war seinerzeit ein angesehener Mann. Er führte eine Musterwirtschaft — 1877 erhielt er die königliche Verdienstmedaille in Silber — und zeigte sich reich an Initiative und in allen Richtungen tätig. Er war ein ernster, ruhiger Mann, dessen Rat und Meinung jeder gern hörte und keiner vergebens suchte. Er war verheiratet mit einer Nichte von HANS NIELSEN HAUGE[1]. Ich habe ihn in seinem Alter kennengelernt und einen starken Eindruck von seiner feinen Persönlichkeit empfangen.

ISAK DYRESENS dritter Sohn, ABRAHAM ISAKSEN (geb. 1787), war der Vater von C. A. BJERKNES. Er lebte auf dem väterlichen

---

[1] H. N. HAUGE (1771—1824), ein Laienprediger, der eine starke religiöse Bewegung in Norwegen hervorrief. Gleichzeitig ein tüchtiger Organisator industrieller Unternehmungen. Seine Jünger, die Haugianer, waren ernste und in ihrem bürgerlichen Leben durchweg tüchtige Leute. Sie sind literarisch geschildert in ALEXANDER L. KJELLANDS Roman „Schiffer Worse".

Hofe, bis er 1812 ein Stipendium vom Buskeruder Amt erhielt, um sich in Kopenhagen zum Tierarzt auszubilden.

In jener Zeit war die Arbeit der Tierärzte auf dem Lande in keiner Weise geregelt. Nur bei der Armee gab es festangestellte Militärtierärzte. Auf dem Lande half man sich, so gut man konnte, mit Hausmitteln oder nahm seine Zuflucht zu Quacksalbern. Um diesen Zuständen abzuhelfen, bewilligten die Behörden Stipendien zur Ausbildung junger Männer, die sich dagegen verpflichteten, in dem Distrikt zu arbeiten, der ihr Studium bezahlte. Auf diese Art kam ABRAHAM BJERKNES dazu, fast vier Jahre mit seinen Studien in Kopenhagen zu verbringen. 1816 kehrte er mit einem sehr guten Zeugnis heim.

Aber es war ein neues Norwegen, in das er jetzt zurückkam. Nach vierhundert Jahren hatte das Land seine Freiheit wiedergewonnen. Während seiner Abwesenheit waren große Ereignisse vor sich gegangen.

Nach Englands Raub der dänisch-norwegischen Flotte, 1807, waren Dänemark und Norwegen auf französischer Seite in den Krieg getreten. Norwegen, das nicht selbst genügend Getreide bauen kann, hatte in den folgenden sieben Jahren sehr unter der englischen Blockade gelitten. Die früher so blühende Schiffahrt war lahmgelegt, das Land wurde arm, 1812 gab es eine Mißernte, es folgte Hungersnot, man mußte Rindenbrot backen, wie in früheren schlimmen Zeiten.

Aber gleichzeitig nahm die Selbständigkeitsbewegung zu. Die Bestrebungen, eine eigene norwegische Universität zu gründen, hatten endlich, in den Notstandsjahren, zum Ziele geführt. Der König konnte sich nicht länger den Wünschen der Norweger widersetzen. Am 2. September 1811 kam die Verordnung über die Errichtung der neuen Universität heraus, und sie begann ihre Wirksamkeit 1813, gerade als die äußeren Begebenheiten in Fluß kamen. Nach der Schlacht bei Leipzig wurde der König von Dänemark gezwungen, Norwegen an den König von Schweden abzutreten. Dagegen aber erhoben sich die Norweger. Die Reichsversammlung in Eidsvold erklärte Norwegen für unabhängig und gab dem Lande die freie Verfassung vom 17. Mai 1814, die ganz auf den Ideen der Französischen Revolution aufgebaut war. Darauf folgte der kurze Krieg mit Schweden, der mit der Vereinigung beider Reiche unter einem König, aber jedes mit eigener Verfassung, endigte. Norwegen behielt seine Verfassung vom 17. Mai, damals eine der wenigen freiheitlichen in ganz Europa.

In dieses neue Norwegen kehrte ABRAHAM BJERKNES 1816 zurück. Hier sollte nun auf allen Gebieten die Organisationsarbeit auf Grund der neuen Verfassung beginnen. Aber überall wurde die Unternehmungslust durch die Geldnot gefesselt. Und selbstverständlich konnte man unter diesen Umständen nicht gerade mit der Ordnung der Angelegenheiten der Tierärzte beginnen. Das bekam ABRAHAM BJERKNES zu spüren, als er sein Amt in dem Distrikt antrat, der seine Ausbildung bezahlt hatte. In den wenig aufgeklärten Gemeinden war wenig Verständnis vorhanden für den Wert wissenschaftlich ausgebildeter Tierärzte und er konnte von seiner Praxis nicht leben. Der folgende Auszug aus einem Ministeriumsprotokoll gibt einen interessanten Einblick in die Verhältnisse:

,,Der vom Amtmann des Buskeruder Amtes unter dem 16. Januar v. J. (d. h. 1817) angestellte Tierarzt des Amtes, ABRAHAM BJERKNES, hat untertänigst ein Gesuch eingereicht, es möge ihm von seiner Anstellung an gerechnet ein jährliches Gehalt von 200 Speziestalern[1] bewilligt werden, da er bis jetzt kein Gehalt bekommen hat, sondern nur Diätgelder in Höhe von 96 Speziesschillingen täglich, wenn er auf Aufforderung der Behörde eine Reise unternommen hat. Das Amt hat den Antrag des Supplikanten aus folgenden Gründen besonders empfohlen:

1. So notwendig es ist, für die Erhaltung der Haustiere zu sorgen, ebenso notwendig ist es auch, dem hierfür angestellten Mann ein jährliches Gehalt zu geben, das im Verein mit dem, was er sich dazu verdienen kann, ein genügendes Einkommen sichert.

---

[1] 1 Speziestaler = 120 Speziesschillinge, nach Parikurs ungefähr 4,50 M., aber nach dem Valutazusammenbruch von 1817 ganz unbestimmbar.

2. Der Supplikant ist ein besonders fähiger und zugleich ein junger, kräftiger Mann, der geeignet ist, die in den Gebirgsdistrikten oft beschwerlichen Reisen auszuführen, die mit der Ausübung seines Amtes verbunden sind.

3. Dem Supplikanten ist außerhalb seines Vaterlandes eine Anstellung mit beträchtlichen Vorteilen angeboten worden, welche er bis jetzt glaubte abschlagen zu können, wozu er auch ermuntert worden ist.

Obwohl das Ministerium wohl einsieht, daß es vorteilhaft für das Reich ist, wenn tüchtige Tierärzte in den Distrikten angestellt und so bezahlt werden, daß sie ihr Auskommen haben, glaubt es doch nicht, das Gesuch empfehlen zu können, da kein Fonds für die Bestreitung solcher Ausgaben angewiesen ist, weshalb man untertänigst beantragen muß, daß der Antrag des Supplikanten abschlägig beschieden werde."

Der nachfolgende königliche Bescheid stimmte mit dem Vorschlag des Ministeriums überein, und ABRAHAM BJERKNES setzte seine undankbare Arbeit im Amte fort. Doch sollte es ihm schon im nächsten Jahre besser gehen. Die Stellung des „Korpstierarztes beim Aggerhuusischen reitenden Jägerkorps" war frei geworden, und er bewarb sich darum. Daß dies nicht mit den Interessen des Amtes übereinstimmte, geht aus der Erklärung des Amtmannes hervor, die lautet: „Auf Kosten des Amtes an der Veterinärschule in Kopenhagen ausgebildet, ist der Supplikant als Tierarzt des Amtes angestellt, und es war daher Grund zu der Annahme vorhanden, daß er auf seinem Posten bleiben würde — da er sich aber zu verändern wünscht, will ich mich nicht weigern, ihm seine Tauglichkeit zu bescheinigen." Indessen wurde das Gesuch warm empfohlen vom Korps, der Brigade und dem Generaladjutanten. Als seine Ernennung erfolgt war, zog der neue Korpstierarzt von seinem früheren Wohnort Drammen nach Christiania[1], wo er einen kleinen Hof gleich gegenüber dem Exerzierplatz Etterstad der reitenden Jäger kaufte. Kurz darauf wurde seine Stellung weiter

---

[1] Die Hauptstadt Norwegens hieß seit alter Zeit Oslo, 1624—1924 Christiania, dann wieder Oslo.

verbessert. 1821 starb L. LÖVESTAD, der seit der Dänenzeit der Obertierarzt der Armee gewesen war. Es war jetzt die Zeit der Sparmaßnahmen, und durch königlichen Beschluß vom 23. März vom folgenden Jahr wurde angeordnet, daß die Stellung eines Obertierarztes bei der Kavalleriebrigade im Frieden nicht besetzt werden sollte und seine Geschäfte vom Tierarzt des akershusischen reitenden Jägerkorps besorgt werden sollten. Dieses Amt eines obersten Tierarztes der Kavalleriebrigade oder gleichzeitig der Armee fiel also ABRAHAM BJERKNES zu. Er war so in verhältnismäßig jungen Jahren in die höchste Stellung gekommen, die unser Land in seinem Fach zu vergeben hatte.

Die Stellung wurde nicht hoch bezahlt. Das Gehalt eines Korpstierarztes war etwa dasselbe wie das eines Sekondeleutnants, nämlich 126 Speziestaler im Jahre, wozu eine kleine Zulage für die Ausübung des Amtes eines Obertierarztes kam. Die Haupteinnahme mußte daher die private Praxis geben. Aber für diese stand ihm nun auch das Ansehen seiner Stellung zu Gebote, und er arbeitete hier in einem fortgeschritteneren Distrikt. Alles deutet darauf hin, daß es jetzt wirtschaftlich aufwärts ging. Als er sich im Herbst desselben Jahres verheiratete, konnte er sich ein Haus in der Stadt kaufen. Dem, der die Stadt nur jetzt kennt, mag seine Wahl etwas wunderlich erscheinen. Damals hatte sie 12—15000 Einwohner, und niemand sah ihre große Ausdehnung voraus. Seine Wahl fiel auf das Haus Store Vognmandsgate Nr. 3 in dem jetzt so wenig angesehenen Bezirk ,,Vaterland". Damals war das anders. Das Haus in der Vognmandsgate lag nur wenige Minuten von der Hauptstraße der Stadt, Storgate, entfernt, und etwa in gleichem Abstand vom vornehmsten Haus der Stadt, dem Palais. Selbstverständlich wurde das ganze Haus ausgenützt, wir wissen das aus einem kleinen Denkmal, das einer der Mieter sich in der Literatur gesetzt hat. Es ist folgende Anzeige in ,,Morgenbladet" von 1824, die gleichzeitig ein Streiflicht auf die Sorgen der kleinen Leute in der Kleinstadt Christiania wirft: ,,Obwohl ich schon früher angezeigt habe, daß ich von der Övre Voldgate in Herrn Tierarzt BJERKNES' Haus in der Vognmandsgate gezogen bin,

sehe ich mich doch infolge der Anzeige von Schuhmacher J. L. OL-
SEN, mit dem ich das Unglück habe, einige Ähnlichkeit des Namens
zu besitzen, genötigt, hiermit wieder dem Publikum bekannt-
zugeben, daß ich mich auch für fähig halte, mit guter und gründ-
licher Arbeit aufzuwarten.

Christiania, den 13. Mai 1824. JOHANNES OLSEN."

Man sieht das Haus, wie es in alter Zeit war, wenn man sich
an Stelle des Ladeneinganges und der modernen Ladenfenster
ebensolche Fenster wie im Stock-
werk darüber vorstellt, und daneben ein Aushängeschild — in
älterer Zeit sicher ein Stiefel, in
meiner Kindheit eine Böttcher-
tonne — über der Tür.

In dieses Haus führte Korpstierarzt BJERKNES im Herbst 1822
seine junge Braut, die noch nicht
zwanzigjährige ELEN BIRGITTE
HOLMEN. Ihr Vater war der Kaufmann NIELS HANSEN HOLMEN in
Drammen und ihre Mutter ANNE
EVENSTOCHTER, geb. LEUCHEN.
Dieser Name ist, ganz wie HOL-
MEN, unzweifelhaft ein norwegi-
scher Hofname (Löken) und die fremde Schreibweise nur ein
Zeichen für die Vorliebe der Pfarrer, schön geschriebene Namen
im Kirchenbuch zu haben.

Store Vognmandsgate Nr. 3
(jetzt Carl XII.-Gate).

Die Überlieferung erzählt, daß früher in der Familie HOLMEN
Wohlstand herrschte, und was an Erbstücken aufbewahrt ist,
deutet in dieselbe Richtung. Namenstücher, zierliche Bleistift-
und Tuschzeichnungen, Aquarelle von Vögeln und Blumen zeigen,
daß ELEN BIRGITTE jedenfalls in gewisser Richtung eine gute Ausbildung genossen hatte. Daß sie aber mit den Büchern nicht weit

gekommen war, zeigen die Briefe, die von ihr aus späteren Jahren vorhanden sind. Jetzt befand sich die Familie HOLMEN in kleinen Verhältnissen, die man fast unglücklich nennen konnte. Der Vater war geisteskrank geworden, wie behauptet wurde, weil er sich gegen seinen Willen verheiraten mußte. Während seiner Krankheitsperioden wurde er, nach dem Brauch der Zeit, in einen Käfig gesperrt. Und wenn es ihm ganz schlecht ging, hatte man, wie erzählt wird, nur ein Mittel, um ihn zu beruhigen, nämlich den Gegenstand seiner ersten Liebe zu holen. Für eine Familie in solchen Verhältnissen war es natürlich sehr wichtig, die Älteste einer großen Kinderschar wohlversorgt zu wissen. Von ihrer Seite war es wohl auch im Anfang mehr eine Vernunftehe. Sie hatte ein lebhaftes Temperament und gute Laune, und mit ihren nicht ganz zwanzig Jahren sah sie mit mehr Respekt als unmittelbarer Liebe zu dem in der Schule des Lebens erprobten, ernsten und strengen Mann auf, der ganze fünfzehn Jahre älter war als sie. Aber sie war ein tüchtiger Mensch, der das Leben von der praktischen Seite nahm. Solange der Mann lebte, ging alles gut, und als er starb, zeigte sie, was sie wert war.

Zwei ihrer jüngeren Schwestern kamen später nach Christiania und standen ihr und ihrer Familie am nächsten. Die eine heiratete den Kaufmann ISAK HALVORSEN, der früh starb und seiner Witwe eine Tochter und einen Sohn hinterließ. Die andere, viel jüngere Schwester heiratete einen ganz bemerkenswerten Mann, einen von denen, die in jener Zeit mit zwei leeren Händen in die Stadt kamen und sich in dem Handelsstand der aufblühenden Stadt eine angesehene Stellung erarbeiteten. Das war HANS POULSEN, geb. 1821 als Sohn eines Häuslers und Schuhmachers in Bärum. Nachdem er durch Fleiß und Sparsamkeit hundert Taler zurückgelegt hatte, fing er ein eigenes Geschäft an, das sich allmählich zu großer Blüte entwickelte. ISAK HALVORSENS Sohn, O. A. HALVORSEN, wurde später in das Geschäft aufgenommen und wurde nach H. POULSENs Tode Alleininhaber. Ich habe diese Verwandten erwähnt, weil ich damit *alle* aufgezählt habe, mit denen die Familie BJERKNES in der Stadt Zusammenhang hatte.

Das waren keine großen Stützen, als der Versorger starb. Und nichts in diesem Milieu konnte wissenschaftliche Interessen erwecken. Aber die beiden, die später C. A. BJERKNES am nächsten standen, der vier Jahre ältere H. POULSEN und der zehn Jahre jüngere O. A. HALVORSEN hatten beide in sich etwas von demselben Stoff wie sein Vater, diesem Stoff, aus dem Selfmademänner werden, wie sie unser neues Land und seine kleine Hauptstadt brauchten.

Die Jugend.

Korpstierarzt BJERKNES und seine Frau hatten fünf Kinder in ihrer Ehe. Der älteste Sohn, JOHAN NIKOLAI, wurde am 13. Juli 1823 geboren, der zweite, CARL ANTON, am 24. Oktober 1825. Danach folgten zwei Söhne, die früh starben, und dann am 8. April 1835 eine Tochter, MARIE AUGUSTA.

Ich weiß nicht viel aus dieser ersten Zeit der Familie. Im Sommer wohnten sie auf dem Hof gegenüber dem Exerzierplatz und betrieben die kleine Landwirtschaft. Im Winter zogen sie ins Stadthaus in der Vognmandsgate. Die Kuh machte nach der Sitte der Zeit den Umzug mit, während ein Knecht den kleinen Hof besorgte.

Während des Vaters Lebzeiten waren, soweit man urteilen kann, die wirtschaftlichen Verhältnisse einigermaßen bequem. Es wurde etwas Geselligkeit gepflegt. Die Söhne mußten dann Fidibusse drehen, mit denen die Gäste ihre Pfeifen anzündeten. Es wurde getrunken, und Vaterlandslieder und Trinklieder wurden gesungen. Die Stimmung bei solchen Zusammenkünften war beherrscht von der Freude über Norwegens wiedergewonnene Freiheit und der Sorge, wie man sie bewahren könne. Da fiel manch Samenkorn unter die Jugend, und dem unter solchen Einflüssen aufwachsenden Geschlecht wurde die Vaterlandsliebe tief eingeprägt. C. A. BJERKNES hat sein ganzes Leben lang diese Eindrücke nicht vergessen.

Der Vater war streng und ernst. Von Weichlichkeiten, wie Ohrenklappen oder Handschuhen in der Kälte, wollte er nichts wissen. Als die Knaben in die Bürgerschule kamen, verlangte er, daß sie an ihren Aufgaben arbeiteten. Die Pädagogik jener Zeit stimmt nicht mit unserer heutigen überein. „Das Bücherwort ist das beste", war der ständige Ausspruch eines der Lehrer. Und diese Ansicht wurde zu Hause durch den strengen Vater unterstützt: „Kannst du deine Aufgabe, Carl?" — „Ja." — „Lies sie noch dreißigmal durch."

Trotz alledem hat doch der kleine CARL ANTON sich zum Vater hingezogen gefühlt. Während der ältere Bruder sich zur Mutter hielt, die immer voll Herzlichkeit und Verständnis war, suchte CARL ANTON gern den Vater auf. Ihre Naturen stimmten gut zusammen. Sie gehörten beide zu den Menschen, die nach fernen Zielen streben. Das kann auch zwischen Knabe und Mann die Grundlage zum gegenseitigen Verständnis bilden.

Korpstierarzt ABRAHAM BJERKNES (um 1825).

Nach und nach übte die zunehmende Kränklichkeit des Vaters einen immer stärkeren Druck auf die Familie aus. Wie so viele von denen, die vom Landleben zum Studium übergehen, bekam er die Tuberkulose. Er selbst schrieb seine Krankheit den Erkältungen zu, die er sich bei seinem Dienst auf dem Exerzierplatz zuzog. Er starb am 21. Februar 1838 an Auszehrung. Auch seine Frau war angesteckt, ich weiß nicht genau zu welcher Zeit, aber ihre eine Lunge wurde gerettet. Nun war sie Witwe, selbst alles andere als sehr gesund, und hatte die zwei Söhne im schulpflichtigen Alter und die kleine Tochter zu versorgen, die schon von klein auf schwächlich war und im Alter von zwanzig Jahren derselben Krankheit erliegen sollte. Allein mußte die Mutter sich der Hinterlassenschaften des Mannes annehmen, des Stadthauses und der kleinen Landwirtschaft, um so gut wie möglich den Söhnen vorwärtszuhelfen und die besten Bedingungen für die schwächliche Tochter zu schaffen. Und bald sollte sie noch einsamer werden. Der Schwager, Kaufmann Isak Halvorsen, starb schon 1842. Der einzige Verwandte, der Rat und Stütze geben konnte, war ihr damit genommen, ihre Schwester blieb auch mit zwei minderjährigen Kindern zurück. Erst viel später wurde H. Poulsen ihr Schwager, jetzt war er noch ein mittelloser Knabe.

Aber die Witwe zeigte sich der Lage gewachsen. Wie groß die Schwierigkeiten auch waren, ließ sie doch den Mut nicht sinken. Haus und Hof leitete sie mit Tüchtigkeit und nützte sie bis zum äußersten aus. Im Hause führte sie die größte Sparsamkeit durch. Viele Jahre hindurch waren Carl Antons großer Kummer die grünen Anzüge, die er zur Schule tragen mußte. Sie waren aus den Uniformen des Vaters verfertigt. Das Unterzeug flickte sie, bis nichts vom Ursprünglichen mehr daran war. Trotzdem schickte sie alles irgend Entbehrliche an die armen Verwandten in Drammen. Sparsamkeit bis zum äußersten war die Grundbedingung, um alles im Gang zu halten. Selbst mit größter Anstrengung konnte sie nicht das Essen oder die hygienischen Bedingungen schaffen, die heutzutage einer tuberkulösen Familie vorgeschrieben werden. Sie mußte froh sein, wenn sie das tägliche Brot herbeischaffen konnte. Sie hat erzählt, daß sie oft nicht wußte, was sie den Kindern zu Mittag geben sollte, ehe der Knecht das Heu auf dem Markt verkauft hatte.

Elen Birgitte Bjerknes geb. Holmen
1856.

Doch nie war die Rede davon, die Knaben aus der Schule zu nehmen. Sie machten zuerst die Bürgerschule durch und dann die Kathedralschule bis zum Abitur. Auch da gab sie nicht nach, sondern half ihnen vorwärts, bis sie rasch absolvierte Beamtenexamen gemacht hatten, ohne daß sie einen Nebenerwerb zu suchen brauchten. Ja, sie wollte ihnen sogar Tanz- und Musikunterricht verschaffen. Aber hier wurde die Grenze der wirtschaftlichen Möglichkeiten erreicht. Der älteste, musikalisch ganz uninteressierte Sohn mußte eine Reihe Violinstunden bei einem Unteroffizier nehmen, der verzweifelt sagte: ,,Sie könnten doch gern die wenigen Regeln lernen, die ich Ihnen gebe." Nach diesem mißglückten Versuch durfte CARL ANTON, der ein leidenschaftlicher Musikliebhaber war, nicht anfangen. Er lernte später das Geigenspiel auf eigene Faust.

Bei ihrer aufreibenden Arbeit verstand es ELEN BIRGITTE BJERKNES doch, ihre gute Laune zu bewahren. Daß sie keine Zeit fand, andere Interessen zu pflegen neben den Forderungen des Tages, versteht sich von selbst. Sie war ganz ausgefüllt von der täglichen Arbeit für die drei Kinder, Hof und Haus. Und was sie damit erreichte, gereicht ihr zur Ehre. Ein rührendes Erinnerungszeichen an ihr Streben, das Haus gut zu halten, kann man noch jetzt sehen, wo dies geschrieben wird. Zur Straße hin ist das Haus Carl XII.-Gate Nr. 3 dasselbe wie damals. Das solide Tor und die Einfahrt sind auch unverändert. Geht man durch die Einfahrt hinein, so sieht man, daß der Hofflügel mit seinen gemütlichen, altmodischen Laubengängen einem hohen Hintergebäude im Kasernenstil weichen mußte. Aber gegenüber diesem Hinterhaus, an der Mauer zum Nachbarhof, liegt eine kleine Gartenanlage, von einem grüngestrichenen Gitter umgeben. Dieser kleine Garten ist ihr Werk, und er liegt noch als bescheidene Oase und eine Erinnerung an andere Zeiten in dem jetzt so trostlosen Stadtteil.

Die Witwe erlebte Freude an ihren Söhnen. Sie machten gute Fortschritte in der Schule. Beide waren hochbegabt, aber im übrigen sehr verschieden in den Anlagen und im Temperament. Der älteste hatte ein glänzendes Gedächtnis. Er vergaß nie etwas, was er einmal gelesen oder gehört hatte. Beispiele eines so guten Gedächtnisses waren ab und zu in der Familie vorgekommen. Daneben hatte er einen klaren, praktischen Verstand. Im übrigen

war er etwas phlegmatisch und eine sehr konservative Natur, dem
Onkel DYRE ISAKSEN auf Bjerknes nicht unähnlich. CARL ANTON
hatte nicht in dem Maße wie der Bruder ein sicheres Gedächtnis
und leichte Auffassungsgabe. Aber er hatte Phantasie und Kom-
binationsgabe. Er eignete sich sein Wissen durch Arbeit an. Vor
allen Dingen faßte er die Zusammenhänge und inneren Be-
ziehungen der Gedanken auf und hielt sie in einem festgebauten,
logischen System fest. Hierin und in seinem lebhaften, feurigen
Temperament glich er mehr dem anderen Onkel, TORSTEIN ISAK-
SEN auf Gunhildrud. Aber daneben war er sehr zurückhaltend
und bescheiden im äußeren Auftreten. Wenn er gereizt wurde
oder glaubte, ihm sei Unrecht geschehen, konnte er gelegentlich
äußerst hitzig werden.

Alle Anstrengungen der Mutter konnten doch nicht den Druck
fortnehmen, unter dem die zwei Knaben aufwuchsen. Der Sommeraufenthalt auf dem Hof wurde ihnen unendlich lang und ein-
förmig. Kameraden hatten sie dort nicht. Während der ältere
Bruder meistens über seinen Büchern saß, streifte der jüngere
in den Ryenbergen umher. Die Freude an der Natur, welche später
bei ihm so ausgeprägt war, war damals noch nicht erwacht. Sie
war etwas ganz Unbekanntes in dem Milieu, in dem er lebte.
Es war die Langeweile, die ihn hinaustrieb. Aber der Drang, in
frischer Luft zu sein, war ihm angeboren.

In der Schule hatten die Knaben in jener Zeit wenig Freude.
Geistloses Auswendiglernen herrschte vor. Von einem anregenden
Lehrer, der ihnen dauernden Eindruck gemacht hätte, habe ich
nie erzählen hören. Nur die Norwegischstunden, ich weiß nicht
bei welchem Lehrer, brachten zeitweise Abwechslung in die Einförmigkeit. Hier wurde CARL ANTONs angeborenes schönes Talent
zum Vorlesen anerkannt, und er erzählte mit Stolz von dem
Triumph, den er mit der Deklamation von OEHLENSCHLÄGERS
Dichtungen feierte. In den höheren Klassen begannen ihn nach
und nach die Fächer selbst zu interessieren. Zweimal bekam er
„Fleißbelohnung" beim Examen, Bücher in hübschen Leder-
bänden, auf die „Fleißbelohnung für C. A. BJERKNES" in Gold-

buchstaben gedruckt war. Eines dieser Bücher war eine griechische Grammatik auf deutsch. Das war sicher ein Ausdruck der Hoffnungen, die der Griechischlehrer auf ihn setzte. Griechisch war auch eines der Fächer, in denen er „Sehr gut" im Abitur bekam. Dieselbe Note bekam er in Arithmetik und Geometrie. Auf meine Frage antwortete er ohne Zögern, daß er der Beste in der Klasse in Mathematik war. Aber irgendeine Anleitung oder Ermunterung zu weiterem Studium erhielt er nicht.

Im Turnen zeichnete er sich aus. Er war von Natur aus bis in seine letzten Lebenstage sehr rasch in seinen Bewegungen. Aber gleichzeitig hatte er nicht die Gabe, sich vorzusehen. Das gilt auch in geistigem Sinne, er war seinem Temperament nach so auf das Ziel eingestellt, daß er nicht an die Schwierigkeiten und Überraschungen des Weges dachte. Insofern kann eine kleine Geschichte aus der Schule als symbolisch gelten. Er kam einmal in voller Fahrt, ich glaube aus dem Turnsaal, und rannte direkt gegen einen Mann, der zwei Eimer Maische trug. Der Inhalt des einen Eimers ergoß sich über ihn, und seit dem Tage wurde er in der ganzen Schule der „Säufer" genannt[1].

Die großen Erlebnisse seiner Jugend waren die Besuche auf dem Lande bei den Brüdern seines Vaters und ihren unternehmenden Söhnen, die nun nach und nach sich einen eigenen Hof verschafften oder die Höfe der Väter erbten. Diese Reisen gaben viele Eindrücke. Zuerst ging es zu Fuß nach Drammen. Das war ein strammer Tagesmarsch für einen Jungen, der noch nicht gelernt hatte, mit seinen Kräften hauszuhalten. Er hat uns erzählt, wie entsetzlich müde er sich fühlte, wenn er endlich die Paradieshügel erreichte, wo der Weg anfing, nach Lier bergab zu gehen. Freude an der Natur hatte er noch nicht auf diesen Wanderungen. Er fand es langweilig, erzählte er, wenn er in einen Wald kam. Die Schöngeister jener oder der dicht vorhergehenden Zeit verglichen Fichten mit Regenschirmen, habe ich alte Leute erzählen hören.

In Drammen war der erste Aufenthalt. Hier war er bei seinen Verwandten HOLMENS. Es war eine traurige Unterhaltung für

---
[1] Ein nicht übersetzbares Wortspiel.

die jüngere Generation, den geistesschwachen Großvater im Käfig sitzen zu sehen. In seinen besseren Tagen hatte er mit Begeisterung den Freiheitskampf der Griechen verfolgt. Jetzt führte er im Käfig einen leidenschaftlichen Kampf gegen die Türken. Er stellte Kautabakstücke auf, welche die Türken vorstellen sollten, und zerstörte sie dann.

Von Drammen aus galt es dann, eine Fahrgelegenheit den Drammensfluß aufwärts zu finden mit den Ruderknechten, die Warenhandel flußaufwärts trieben, soweit es ging, bis Hougsund und Vestfossen. Man ruderte, wo der Fluß nicht zu reißend war, oder stakte sich am Ufer entlang vorwärts oder zog das Boot an Wasserfällen und Stromschnellen vorbei. Dann ging es auf der Landstraße weiter. Aber hier waren viele Stationen dicht hintereinander. Der erste Aufenthalt war bei Vetter ISAK TORSTENSEN, der seinen ersten Hof in der Nähe von Vestfossen hatte. Hier betrieb der Haugianersche Kreis, dem er angehörte, seine bekannte, kooperative Fabrikstätigkeit — in ihrer Papierfabrik lebten Leiter und Arbeiter vierzig Jahre lang wie eine Familie und aßen jeden Tag an demselben Tisch. CARL ANTON bewunderte immer seinen klugen und sinnigen, in aller Stille unternehmungslustigen Vetter und bekam einen starken Eindruck vom Ernst der Haugianer. Von dieser Station an brauchte er nicht mehr zu gehen. Nach den Gesetzen der Gastfreundschaft mußte der Gast weitergefahren werden. Und die Söhne des Korpstierarztes waren liebe Gäste. Es lag etwas wie Märchenglanz über ABRAHAM BJERKNES' Aufstieg, seiner Reise nach Kopenhagen und seinem Avancement als Korpstierarzt. Man erzählte sich von seiner Tüchtigkeit in der Behandlung von Pferden und von den unbekannten chirurgischen Eingriffen, die er mit Erfolg vorgenommen hatte. In der Heimatgemeinde war der Bjerkneshof die Hauptstation. Aber hier gab es Verwandte auf allen Höfen, und alle wollten besucht werden. Der Schulze der Gemeinde, GULBRAND GYSLER auf Hvam, war mit ABRAHAM BJERKNES' ältester Schwester ELI verheiratet. Dort war CARL ANTON ein lieber Gast. Die jüngste Schwester SIBILLA war auf einem der Evjuhöfe verheiratet. Vestre

Evju besaß der Vetter HALVOR DYRESEN, ein Mann von derselben tüchtigen und feinen Art wie ISAK TORSTENSEN. Ja, die Besuche mußten ganz bis Hem im Lardal ausgedehnt werden, dort war DYRE ISAKSENS älteste Tochter, die schöne und lebhafte ANNE HELENE, verheiratet. Ich habe sie gesehen, als sie hoch in den Achtzigern war. Sie sah immer noch gut aus und erzählte lebhaft von dem Leben auf Bjerknes in alten Tagen. Aber in der neuen Zeit fühlte sie sich nicht mehr heimisch. ,,Es gibt jetzt keine Fröhlichkeit mehr unter den Leuten so wie in früheren Tagen, finde ich", war ihr ständiger Ausspruch geworden.

TORSTEN BJERKNES auf Gunhildrud.

Aber das größte Erlebnis war doch der Abstecher zum Gunhildrudhof am Ekernsee zu Onkel TORSTEN. Der Hof in seiner Einsamkeit hat eine selten schöne Lage, die wohl dazu beigetragen hat, CARL ANTONS Sinn für die Natur zu wecken, wenn ihm das auch erst später zum Bewußtsein gekommen ist. Sie wurden dort mit unbegrenzter Gastfreiheit aufgenommen. Der Onkel war stets voller Leben und Spaß: ,,Iß, bis du platzt, Junge, es ist dir gern gegönnt." Er wußte auch, wieviel Schnäpse ein Bauer am Tage trinken mußte, das gehörte mit dazu, wenn er seinen Gästen Appetit machen wollte. Ich habe den Anfang vergessen, aber der Schluß lautete: ,,Und wenn er ein richtiger Bauer ist, so nimmt er noch einen mitten in der Nacht." Aber TORSTENS Interessen gingen weit über die Landwirtschaft und die alte Gastfreiheit hinaus. Er sammelte Bücher und las. Nachdem er den Hof seinem zweiten Sohn übergeben hatte, dem kräftigen und betriebsamen JOHAN, gab er sich ganz dem Lesen hin. Um daneben noch

etwas Nützliches zu tun, strickte er Strümpfe und maß dabei mit
dem Zollstock, statt die Maschen zu zählen. Was er las, war natürlich sehr zufälliger Art. Aber nichts Menschliches war ihm fremd,
und in allen diesen Interessen wurde der Schuljunge aus der Hauptstadt sein Vertrauter. Der alte Onkel kam auf diese Weise auch
mit der Mathematik in Berührung. Er schnitt Papierdreiecke aus
für seine geometrischen Beweise und fand so auf eigene Faust die
Lehrsätze ohne Bücher. Ich habe nie gehört, daß mein Vater
einen Lehrer erwähnt habe, weder von der Schule noch von der
Universität, der sein Interesse für die Mathematik geweckt hätte.
Es ist sehr gut möglich, daß Onkel TORSTEN hier mehr Einfluß
gehabt hat als irgendein anderer.

Aber nach all diesen Erlebnissen bei den Verwandten in der
Heimat, in dem Milieu, das ABRAHAM BJERKNES 1812 verlassen
hatte, kam die unentrinnbare Heimreise. Die Fahrt mit den
Ruderknechten den Drammensfluß hinunter war ihr Glanzpunkt.
Da brauchte man sich nicht am Ufer entlang zu staken. Jetzt ging
es mitten im Strom. Und in den Stromschnellen ruderte man
mit aller Kraft gegen den Strom, um die Gewalt über das Boot
zu behalten, das in reißender Fahrt stromab schoß. Dann kam
wieder der wenig erfreuliche Aufenthalt bei den Verwandten in
Drammen und endlich der Marsch auf der Landstraße zur Hauptstadt zurück, wo die Familie in ihren schwierigen Verhältnissen
nicht recht Fuß faßte und die Schule jener Zeit nicht sehr anziehend
wirkte.

Aber auch hier gab es Unterbrechungen der Einförmigkeit,
selbst für die gesellschaftlich Außenstehenden. Ab und zu kam
der König, CARL JOHAN, an. Er fuhr durch die Storgate und hielt
seinen Einzug im Palais.

In der Zeit des geistigen Aufschwunges unseres Landes, in den
dreißiger Jahren, fand der Streit zwischen den beiden Dichtern
WERGELAND und WELHAVEN auch in den Kreisen der aufwachsenden Schuljugend einen Widerhall. Eine von CARL ANTONS Erinnerungen aus jener Zeit war die große Theaterschlacht bei der
Aufführung von WERGELANDS Stück „Campbellerne", am 18. Ja-

nuar 1838, wobei die oberen Kreise der kleinen Hauptstadt das Stück auspfiffen, aber schließlich von der Volksmenge hinausgeworfen wurden. Der Vater lebte damals noch, lag aber krank. Er starb drei Wochen später. Onkel TORSTEN war in der Stadt, vielleicht um nach dem kranken Bruder zu sehen, und er nahm den Knaben mit ins Theater an dem Tage, als es zu dem großen Kampf kam. Aktive Teilnehmer an der Schlacht sind sie nicht gewesen, das lag weder im Wesen des ruhigen Bauern noch des zurückhaltenden zwölfjährigen Knaben. Aber seine Beschreibung der Einzelheiten des Kampfes stimmt mit den bekannten Erzählungen überein. Und seine Sympathie für WERGELAND erhellt klar aus dem lokalpatriotischen Stolz, mit dem er erzählte, daß ein bekannter Schmied aus seiner Nachbarschaft in der Vognmandsgate einen der Pfeifenden mit ausgestrecktem Arm hochgehalten habe.

Unter den Begebenheiten, die alle Gemüter, auch das seine, in der kleinen Stadt in Erregung versetzten, waren auch die verschiedenen Streiche von OLE HÖILAND[1], vor allem sein Diebstahl in Norges Bank am 2. Januar 1836 und seine letzte dramatische Flucht aus dem „Pulverturm des Kronprinzen" auf Akershus in der Unwetternacht vom 17. September 1830. In dem Pulverturm saß er in einem achteckigen Holzkäfig, der, wenn die Überlieferung, die ich hörte, richtig ist, früher einer anderen Berühmtheit als Behausung gedient hat, nämlich Professor HANSTEEN. Dieser hatte 1815 von den Militärbehörden diese auf Akershus stehende achteckige Hütte angewiesen erhalten, um in ihr das astronomische Observatorium des selbständig gewordenen Norwegen einzurichten. In der Zwischenzeit hat diese historische Hütte auch als Leichenhaus der Stadt gedient. Das Publikum hatte am Tage Zutritt zum Pulverturm und konnte mit dem berühmten Gefangenen im Holzkäfig sprechen, bis er seine lange vorbereitete Flucht unter der Grundmauer des Pulverturms ins Werk setzte. Was für ein Ereignis das in unserer kleinen Hauptstadt war, davon kann man sich jetzt kaum eine Vorstellung machen. Aber ich habe oft

---

[1] Ein Dieb, der durch seine dreisten Streiche eine Art Volksheld wurde.

meinen Vater davon erzählen hören und den Gassenhauer zitieren über den großen Streich: „Es war im September, in der siebzehnten Nacht, die Wasser vom Himmel brausten herab..."

Obwohl CARL ANTON ein guter Turner war und bei seinen Verwandten auf dem Lande Aufsehen erregte durch die Leichtigkeit, mit der er über die höchsten Zäune sprang, hatte er doch keine robuste Gesundheit. Er litt viel an Kopfschmerzen. Als er sich dem Abschlußexamen näherte, nahm seine Schwachheit überhand, und er wurde im Frühjahr 1843 aus der Schule genommen. Die eigentliche Ursache war wohl eine Mißhandlung, die ihn sehr mitgenommen hatte. Er hatte sie sich in einem Konflikt mit einem jungen, temperamentvollen Lehrer zugezogen. Das hinderte jedoch nicht, daß die beiden später die besten Freunde während eines langen Lebens wurden. Und daß sie die Folge hatte, daß er aus der Schule herauskam und ein ganzes Jahr lang nur seiner Gesundheit lebte, war sicher ein großes Glück. Wir kennen nicht den Grund seiner Schwäche, aber es liegt sehr nahe, an-

C. A. BJERKNES 1843.

zunehmen, daß auch er von der Tuberkulose angegriffen war. Im Sommer 1843 machte er eine Seereise nach Dieppe und anderen Häfen des Kanals. Während seines Aufenthaltes in Frankreich wurde ein Daguerreotypbild von ihm gemacht. Er selbst mochte es nie, da es die Schlaffheit zeigte, unter der er damals litt, und der französische Photograph gar zu große Kunst auf sein lockiges Haar angewendet hatte. Doch ist es das einzige Bild aus seiner Jugend. Den Winter brachte er zum größten Teil bei den Verwandten in Eker, Sandsvär und Lardal zu. Nach diesem Besuch nahm er seine Studien wieder auf. In norwegischem Aufsatz, Latein und Griechisch bekam er etwas Privatunterricht, das übrige lernte er auf eigene Faust.

1844 meldete er sich zum Abitur und bestand das Examen mit laudabilis. „Ausgezeichnet" hatte er in Griechisch, Deutsch, Französisch, Religion, Arithmetik und Geometrie. Ich weiß nichts davon, daß sein Interesse schon eine bestimmte Richtung eingeschlagen hätte. Es war sicher noch ziemlich gleichmäßig auf verschiedene Fächer verteilt. Welchen bestimmten Weg er einschlagen sollte, wußte er nicht.

Aber er freute sich, nun zu der bevorzugten Schar zu gehören, die nach gewonnener höchster Ausbildung an den Aufbau des Landes gehen sollte.

Auf der Universität.
1844—48.

Unsere Universität war eine Neugründung in einem neu entstandenen Staate. Wie bescheiden die Anfänge in den Naturwissenschaften waren, geht daraus hervor, daß nur *ein* Professor für Botanik und Zoologie vorhanden war, RATHKE (ursprünglich Theologe), und *ein* Professor für Physik und Chemie, JAC. KEYSER (ursprünglich Jurist). Alles mußte auf die dringendsten Anforderungen eingestellt werden, vor allem darauf, die Beamten auszubilden, deren das Land bedurfte. Die Forschung mußte zurückstehen hinter der Tätigkeit des Lehrers und den Pflichten des Bürgers, der am Aufbau des Staates mitarbeiten mußte.

Wieviel das Land diesen Männern an der bescheiden ausgerüsteten Universität verdankt, ist wenig bekannt und kaum einmal wirklich untersucht. Nach der Trennung von Dänemark mußte eine Menge Arbeit geleistet werden, die Spezialkenntnisse erforderte. Einige Beispiele mögen dies beleuchten. HANSTEEN war von FREDRIK VI. zum Professor für angewandte Mathematik ernannt. Aber nach der Selbständigkeitserklärung mußte sich das Land auch in seinem Kalender und der Zeitbestimmung unabhängig machen. Die erste Bürgerpflicht des Professors für angewandte Mathematik bestand daher darin, auch die Astronomie zu übernehmen, die in dem ursprünglichen Universitätsplan gar nicht vorkam. Und er zögerte nicht, dies zu tun. Schon Anfang 1815 improvisierte er sein erstes Observatorium in einer achteckigen Hütte, die die Militärbehörde auf der Festung Akershus stehen hatte — eine Hütte, deren späteres Schicksal schon früher erwähnt wurde. Natürlich mußte derselbe Mann die geodätische Vermessung des selbständigen Norwegen übernehmen. Fünfzig Jahre lang war er ihr Leiter. Und dazu kamen mannigfaltige andere Aufgaben. Ein Beispiel sieht man aus einem

Das alte Universitätsgebäude.

Brief vom Jahre 1863, wo er folgendes über das Zustandekommen unseres Eichwesens mitteilt:

„Als ich 1814 ins Vaterland zurückkam, als Lektor für angewandte Mathematik, war die Bestimmung von Maß und Gewicht in größter Unordnung. Ratsmann SAXILD, ein ganz unpraktischer Mann, ließ Gewichte, Hohl- und Längenmaße und die Waagen von seiner Frau justieren. In ihrer Küche verglich sie die vom Gürtler gelieferten Gewichte auf derselben Waagschale, auf der sie Mehl und Zucker abwog, mit den alten, abgenutzten Magistrats-Normalgewichten aus Dänemark, neben sich einen

Schmiedegesellen, der sie abfeilte, wenn sie fand, daß sie zu schwer waren. Mit der Justierung der anderen Geräte ging es genau so nachlässig zu. Deshalb wurde nach der Abtrennung von Dänemark eine Kommission eingesetzt, um ein eigenes, von Dänemark unabhängiges Maß- und Gewichtsystem für Norwegen auszubilden. Zu Mitgliedern dieser Kommission wählte man natürlich diejenigen Universitätslehrer, die man für bestbewandert in der Sache hielt, den Lehrer der angewandten Mathematik (mich), und der Physik, J. Keyser ...

Ich entwickelte die wissenschaftlichen Grundlinien des Systems..."

Die Universitätslehrer, die neben zahlreichen Arbeiten ähnlicher Art mehrere Wissenschaften vortragen sollten, konnten nicht sehr gründlich in jedem einzelnen Fach unterrichten. Und für das eingehendere Studium der naturwissenschaftlichen Fächer gab es überhaupt keine Organisation. In der ersten Zeit kamen nämlich diese Fächer, ebenso wie die Mathematik, nur in den ersten Grundzügen vor fürs Examen philologico-philosophicum, dem späteren „Zweiten Examen". Daher war es ein großer Schritt vorwärts, als 1820 das Bergstudium an der Universität eingerichtet wurde. Gleichzeitig wurde das alte Bergseminar in Kongsberg geschlossen, und nur die abschließende praktische Bergmannsprüfung wurde in die alte Bergwerksstadt verlegt. Das montanistische Studium hatte das praktische Ziel, Beamte für Kongsbergs Silberbergwerk und die übrigen Bergwerke des Landes auszubilden. Zu diesem Bergbaustudium gehörte nach dem Lehrplan erweiterter Unterricht in Physik und Chemie und bescheidene Pensa in reiner und angewandter Mathematik. Wie gering die Anforderungen hierin waren, kann man daraus schließen, daß das ganze Examen, einschließlich der eigentlichen Hauptfächer Mineralogie, Geologie, Metallurgie und Bergbau, drei Jahre nach dem „Zweiten Examen" gemacht werden konnte. Aber die Einführung des Bergfaches war doch ein großer Schritt vorwärts für diejenigen, deren Interesse auf dem Gebiet der exakten Naturwissenschaften lag. Dreißig Jahre lang war es das einzige organisierte Studium für junge Leute mit solchen Neigungen.

So nahm eine Reihe der späteren naturwissenschaftlichen Professoren ihren Weg über das montanistische Studium. Es wurde FEARNLEYS Weg zur Astronomie, CHRISTIES zur Physik, BJERKNES' zur Mathematik, MOHNS zur Meteorologie. Selbst FEARNLEY mußte erst in den Gruben von Kongsberg die praktische Bergmannsprüfung ablegen, ehe er mit seiner Arbeit am Himmel beginnen konnte. Für alle, deren Interessen bei anderen Naturwissenschaften als den speziell mineralogisch-geologischen lagen, war es ein Umweg, der die nicht ersetzbare Kraft ihrer Jugendjahre verbrauchte. Nur wenige wissen, was es bedeutet, gerade diese Jahre zu verlieren, besonders für den, der neue Gedankenwege gehen will. Denn diese Arbeit verlangt mehr als jede andere unverbrauchte Jugendkraft. Viele wurden durch diese ungünstigen Verhältnisse verspätet, manche ganz aus ihrer Bahn geworfen. S. A. SEXE, der im folgenden oft genannt werden wird, war einer von ihnen. Er war einer unserer ersten Bauernstudenten und einer der wenigen von ihnen, der nicht zur Theologie ging, sondern zu den Naturwissenschaften. Seine Fähigkeiten und Interessen zogen ihn zur Mathematik und Physik. Aber es wurde sein Schicksal, im Bergfach zu bleiben, und auch hierin kam er zu spät zur Universität, so daß er nichts mehr geschaffen hat, was im Verhältnis zu seiner großen Begabung stand.

Unter denen, welchen der Übergang glückte, fiel der Weg BJERKNES am schwersten. Neben FEARNLEY lag es ihm am wenigsten, sich vorzudrängen. Nichts konnte ihm ferner liegen, als dem Beispiel OLE JACOB BROCHS zu folgen, der 1847 die Universität dadurch verblüffte, daß er den neuen Weg benutzte, den das neue Universitätsgesetz von 1845 eröffnete, nämlich den Doktorgrad ohne vorhergegangenes Staatsexamen zu erwerben. Durch lange Jahre blieb das eine Tat, die einzig dastand. Es hat den Zeitgenossen nicht wenig imponiert, daß der junge Doktorand vollständig Herr der Situation war. Weder HANSTEEN noch LANGBERG wagten viele Einwendungen gegen die imponierenden

Rechnungen des jungen Mathematikers. Diese Großtat verschaffte ihm auch im nächsten Jahre einen außerordentlichen Lektorposten in angewandter Mathematik. Das war die glänzende Einleitung eines tätigen Lebens im Dienste des Vaterlandes. Durch seine energische Initiative wurde bald der Mathematikunterricht verbessert und das mathematisch-naturwissenschaftliche Staatsexamen, das so sehr vermißt wurde, eingeführt. Aber diese Initiative kam zu spät für die früher erwähnten jungen Wissenschaftler.

In dieser Übergangszeit erschwerten auch die örtlichen Verhältnisse die Arbeit an der Universität. Die neuen Universitäts-

Der alte Anatomiehof und die Universitätsbibliothek.

gebäude waren im Bau, aber noch nicht im Gebrauch. Die allgemeinen Vorlesungen fanden im „alten Universitätsgebäude" in der Prinsensgate statt, dem späteren Ministerialgebäude. Die physikalischen und chemischen Vorlesungen wurden im „alten Anatomiehof", neben der alten Universitätsbibliothek, abgehalten. Mineralienkabinett, metallurgisches Laboratorium, die königliche Zeichenschule, in der auch die Bergbaustudenten unterrichtet wurden, waren in verschiedenen Privatgebäuden und Hinterhäusern untergebracht. Überall litt man unter fühlbarem Platzmangel.

So schreibt JAC. KEYSER im Jahresbericht der Universität von 1845: „Obwohl der Zustand des physikalischen Kabinetts die Anschaffung mehrerer Instrumente wünschenswert macht, hat der Leiter doch nicht geglaubt, damit eilen zu sollen, da der Platz im jetzigen Lokal schon überfüllt ist und man die größte Vorsicht anwenden muß, um zu verhindern, daß die Instrumente beim Herausnehmen zum Gebrauch und bei der Aufstellung Schaden nehmen." Und zwei Jahre später schreibt sein Nachfolger LANGBERG ungefähr dasselbe und fügt hinzu: ,,Auch die Benutzung der Sammlung für selbständige wissenschaftliche Untersuchungen ist aus demselben Grunde — sowohl für den Dozenten selbst wie für andere, die sich in physikalischen Experimenten üben wollen — zur Zeit so gut wie unmöglich."

Doch muß man die Bedeutung solcher Schwierigkeiten in jener Zeit nicht überschätzen, wurden doch damals erst die Entdeckungen gemacht, die ernstlich das Verlangen nach ,,physikalischen Kabinetten" als einem festen Bestandteil jeder Universität hervorriefen. Es ist vielleicht interessant, sich daran zu erinnern, was während der Amtszeit unseres ersten Physikers JAC. KEYSER in der Physik vor sich ging. In jener Zeit führte FRESNEL — auf dem Lande und mit Hilfe eines Grobschmieds — sein Interferenzexperiment aus und führte damit die Undulationstheorie des Lichtes zum Siege (1814). ÖRSTED brachte eine Magnetnadel in die Nähe eines elektrischen Stromes und sah, daß sie ausschlug, wodurch die Ära des Elektromagnetismus eröffnet wurde (1821); AMPÈRE gab dem elektrischen Leitungsdraht die Form eines beweglichen Rahmens, der von anderen Teilen des Stromes angezogen oder abgestoßen wurde (1822); FARADAY schloß die Reihe der fundamentalen elektromagnetischen Entdeckungen, indem er ÖRSTEDS Experiment umkehrte und den induzierten elektrischen Strom fand, wenn er den Magneten im Verhältnis zur Leitung bewegte (1831); SADI CARNOT ,,kochte Wasser in der Küche" und schrieb seine Gedanken über die bewegende Kraft des Feuers nieder, welche — aber erst nach dem Tode des jungen Denkers — die Grundlage für ,,den zweiten Hauptsatz" der Thermodynamik wurden (1824); ROBERT MAYER, ein Arzt ohne Zutritt zu irgendeinem physikalischen Kabinett, formulierte zum erstenmal das Gesetz über die Erhaltung der

Kraft und gab die erste Bestimmung des mechanischen Wärmeäquivalents (1842). Was die materiellen Mittel betraf, so hätte jede dieser Entdeckungen ebenso gut in dem „alten Anatomiehof" unserer Universität oder in der Privatwohnung unseres Physikprofessors gemacht werden können. Insofern hätte unser Land damals bessere Chancen gehabt als jemals später, in Physik sowohl wie in den anderen Wissenschaften an der großen Entwicklung teilzunehmen, wenn nicht der Gedanke an die Forderungen des Tages vollständig alles beherrscht hätte — so stark, daß man, um das tragischste Beispiel zu nennen, als Lektor in Mathematik den Lehrer HOLMBOE dem schon damals unzweifelhaften Forschergenie ABEL vorzog.

Aber wenn auch die Forschung noch nicht als erste Pflicht eines Universitätslehrers angesehen wurde, so war doch der Drang nach Forschung einigen Auserwählten angeboren.

In der Reihe der ersten Professoren hatten wir das Glück, wenigstens einen geborenen Forscher zu haben, CHRISTOPHER HANSTEEN. Er war wohl keiner der ganz Großen, aber doch einer, dessen Bedeutung für eine neugegründete Universität man nicht leicht überschätzen kann. Daß Norwegen auch Forscher allerersten Ranges hervorbringen konnte, zeigte sich, als ABEL kam. Aber dies trat ein, ehe Land und Universität reif waren, eine solche Gabe zu empfangen. Ein anderer echter Forscher war KEILHAU, ABELS Freund, der 1826 Lektor in Bergwissenschaft wurde. Der nationale Aufschwung in den dreißiger Jahren war von Vorstößen in verschiedenen Richtungen begleitet. STANG und SCHWEIGAARD begründeten unsere selbständige, juristische Literatur und KEYSER und MUNCH unsere nationale Geschichtsschreibung. Das hat ohne Zweifel auch außerhalb ihrer Spezialfächer fördernd gewirkt und das allgemeine Selbstvertrauen gehoben. Aber die Wirkung war ungleichmäßig und trat bei den naturwissenschaftlichen Fächern erst sehr spät ein. Erst durch BROCH, der in vielem ein Mann vom selben Schlage wie die Vorkämpfer der dreißiger Jahre war, kam der frische Hauch jener Zeit in die naturwissenschaftlichen Fächer.

Im Jahre 1844 bestanden 72 Jünglinge das Abiturientenexamen. Einer von ihnen war CHRISTIE, der spätere Physikprofessor, der BJERKNES' Studiengenosse im Bergwerksfach wurde. Von den 72 Studenten hatten nur zwei bessere Zeugnisse als BJERKNES und zwei ebenso gute. Ältere Akademiker haben mir erzählt, daß dieses gute Examensresultat, verbunden mit dem Eindruck, den sein gleichzeitig lebhaftes und bescheidenes Wesen machte, von Anfang an die Aufmerksamkeit der Universitätslehrer auf ihn lenkte. Die Rekrutierung der Universitätsstellen war eine große Schwierigkeit, und es hieß rechtzeitig die ins Auge zu fassen, die ihre Studien gründlich und fleißig betrieben. Aber damals war der Abstand zwischen Studenten und Professoren groß, und da er sich nicht darauf verstand, sich selbst in den Vordergrund zu stellen, hatte sein Fleiß keine unmittelbaren Folgen. Er beendigte sein Studium, ohne in nähere Berührung mit einem seiner Lehrer zu kommen, und als er um des lieben Brotes willen von der Hauptstadt fort mußte, war er bald vergessen. Die Zeit war auch nicht günstig für jemanden mit seinen Interessen. In Mathematik hatte er den gewaltig tätigen BROCH vor sich, und in Physik, an die er selbst kaum ernstlich gedacht hat, war längst LANGBERG als Nachfolger JAC. KEYSERS ausersehen und wurde reich unterstützt durch Stipendien.

Wenn auch die Verhältnisse an der Universität für angehende Naturwissenschaftler sehr primitiv waren, so mußten doch die Vorlesungen für das Examen philologico-philosophicum, wie es genannt wurde, wie eine Offenbarung auf die wirken, die aus der Schule jener Zeit kamen. Die Astronomie wurde von einem wirklich gelehrten und persönlich bedeutenden Mann, HANSTEEN, vorgetragen und konnte so ihre Wirkung nicht verfehlen. In den Experimenten JAC. KEYSERS die Natur selbst arbeiten zu sehen, war etwas ganz Unerhörtes. Und selbst die Vorlesungen des längst senilen RATHKE über Naturgeschichte waren wie ein Hauch aus einer ganz anderen Welt wie die der Grammatik. Daß die neuen Fächer das ganze Interesse von BJERKNES in Anspruch nahmen, sieht man ohne weiteres aus den Zeugnissen des Examens vom Juni 1845. Er hatte „Ausgezeichnet" in sämtlichen naturwissenschaftlichen Fächern, die niedrigeren Zeugnisse kamen nur in Latein und Griechisch vor.

Unzweifelhaft brachte ihn das Interesse, das die Naturwissenschaften im zweiten Studienjahr in ihm erweckt hatten, dazu, den Bergbau als Brotstudium zu wählen. Nachdem er das „Zweite Examen" mit laudabilis bestanden hatte, begann er zusammen mit seinem Studiengenossen CHRISTIE dieses Studium.

Außer den reinen Bergbaufächern bot dieses Studium, wie schon erwähnt, einen etwas eingehenderen Unterricht in reiner Mathematik von HOLMBOE und in angewandter Mathematik von HANSTEEN. Aber keiner von ihnen war in tieferem Sinne Fachmann in dem, was sie vortrugen. BJERKNES' hinterlassene Vorlesungshefte zeigen, daß HOLMBOES Unterricht trotz seiner Kenntnis ABELS und der ABELschen Arbeiten ganz der vorabelschen Zeit angehörte. Die volle Strenge der Beweisführung, die gerade der Mathematik ihren Wert als Unterrichtsfach verleiht, wagte er bei den Studenten nicht durchzuführen. Der nüchterne Empiriker HANSTEEN trug die theoretische Mechanik vor, die an der Grenze des von ihm beherrschten Gebietes lag. Er hat sich selbst, zum Beispiel in seinem Briefwechsel mit ÖRSTED, über seine mangelhafte Ausbildung in Mathematik beklagt. Seine Schwäche in diesem Punkt war ja auch die Veranlassung, daß die Führung auf seinem eigensten Forschungsgebiet, dem Erdmagnetismus, von ihrem ersten Führer, dem Empiriker HANSTEEN, auf den Theoretiker, den großen Mathematiker GAUSS, überging. Nichts weist darauf hin, daß der Unterricht dieser Lehrer einen starken Eindruck hinterlassen hat. Dasselbe gilt von dem erweiterten Unterricht in Physik, zuerst von JAC. KEYSER, dann von LANGBERG. Dieser weckte durch sein Auftreten viel Beachtung. Im Jahresbericht von 1847 wird mitgeteilt, daß außer von den eigentlichen Studenten diese Vorlesungen fleißig von älteren akademischen Bürgern, Beamten und Militärs besucht wurden. Aber sie waren offenbar mehr für ein breiteres Publikum als für höherstrebende, werdende Wissenschaftler angelegt.

Ein einziger seiner Lehrer hat ihm starken und bleibenden Eindruck gemacht. Und zwar in einem Fach, das nicht zu seinen dauernden Interessen gehörte. Es war der Geologe KEILHAU. Seine Vorlesungen im Winter 1846—47 über Geognosie machten einen so starken Eindruck auf BJERKNES, daß er eine Zeitlang ernsthaft daran dachte, bei dieser Wissenschaft zu bleiben. Hier erkannte er einen Lehrer, der nicht nur wiedergab, was er selbst gelernt hatte, sondern selbständig einen Standpunkt einnahm und den Mut hatte, seine Meinung zu verteidigen, wenn sie auch nicht immer richtig war. Oft kam er auf diesen Eindruck KEILHAUS als Wissenschaftler und Persönlichkeit zurück und schrieb ihm keinen geringen Einfluß auf seine Entwicklung zu, wenn dies auch nicht direkt seinem Spezialfache zugute kam. So schreibt er Ende der neunziger Jahre in einem ausführlichen Brief an Professor ARTHUR KORN in München, der um nähere biographische Aufschlüsse gebeten hatte:

„Ein großes Nebeninteresse hatte ich doch... Professor KEILHAU war mein Lehrer in Geologie. Dieser, ABELS naher Freund, war eine sehr selbständige, ich kann sagen sehr imponierende wissenschaftliche Persönlichkeit. Es ist sehr schade, daß er in einem kleinen Land leben mußte, und daß seine chemischen Kenntnisse zu gering waren, so daß er sich in seiner Transmutationslehre weiter hinauswagte, als wissenschaftlich erlaubt war. Als junger Student trat er in Freiberg mutig gegen den WERNERschen Neptunismus auf und nicht weniger bestimmt gegen den rotglühenden Vulkanismus LEOPOLD VON BUCHS. In diesen Durchbruchszeiten war es vielleicht sehr zweifelhaft um seine eigenen, auf norwegische Verhältnisse gestützten Auffassungen und ihr Verhältnis zur Wirklichkeit bestellt — noch dazu in einer Wissenschaft, die halb auf Phantasie mit großen Theatereffekten beruhte.

Sicher aber hätte er nie im Wagen durchs Land fahren und Phantasiebilder mit großen Katastrophen nach vorhergefaßten Theorien entwerfen wollen. Er wollte stets alles selbst und genau ansehen, ohne den großen Gewaltereignissen und plötzlichen Kulissenveränderungen mehr Platz als eben notwendig einzuräumen.

Und er war ein ungewöhnlich scharfer Beobachter, ein strenger Logiker und ein ausgezeichneter Schriftsteller.

Warm vertrat er die LYELLschen Ideen, wonach man alles so genau wie möglich mit den täglichen Erscheinungen vergleichen sollte. Und seine Vorlesungen hierüber, wahrscheinlich 1847, hinterließen bei mir einen tiefen, bestimmenden Eindruck."

Von BJERKNES' Leben außerhalb der eigentlichen Studien weiß ich nicht viel. In seinen ersten Studentenjahren fanden die letzten zwei großen jährlichen Universitätsfeste statt, die vom neuen Universitätsgesetz von 1845 abgeschafft wurden. Es war das Fest an des Königs Geburtstag und das Reformationsfest am 10. November. Sie wurden durch die Ausgabe von einem Universitätsprogramm und eine feierliche Zusammenkunft mit einer lateinischen Rede eines Professors gefeiert. In die Jahre 1844—45 fielen nicht weniger als vier Universitätsfeierlichkeiten, die durch das Königshaus veranlaßt wurden: CARL JOHANs achtzigster Geburtstag, dann sein Tod — der Raum, in dem die Trauerfeier stattfand, war mit seinen Trauerdekorationen zwei Tage lang fürs Publikum geöffnet —, dann die Ankunft OSCARS I. mit Familie als König in der Hauptstadt im Februar 1845 und schließlich König OSCARS Geburtstag am 4. Juli desselben Jahres. Diese Feste spielten immer eine große Rolle in den Jahresberichten der Universität. So heißt es im Jahresbericht von 1845:

„Um 8 Uhr abends am 11. Februar 1845 fand der Fackelzug der Studenten aus Anlaß der hohen Ankunft S. Maj. des Königs und der königlichen Familie in Christiania statt, ungefähr 400 Studenten und Kandidaten nahmen daran teil... Am Schluß des Gesanges begab sich der König mit den älteren Prinzen auf die Straße, wo sich S. Maj. an die Deputation wendete und unter anderem bemerkte, daß Er hoffe, während seines jetzigen Aufenthaltes näher mit den Verhältnissen an der Universität bekannt zu werden..."

Der König sah sich auch den Unterricht an. BJERKNES erzählte oft mit scherzhaftem Stolz von seiner inhaltreichen Unterhaltung mit ihm in der königlichen Zeichenschule. Der König kam zu seinem Platz und sah die Zeichnung an. ,,Das ist ein Ornament", sagte der König. ,,Ja", sagte ich.

BJERKNES ging oft zu den Zusammenkünften des Studentenvereins im alten Vereinslokal. Es war die stille Zeit, als sich die Wogen nach dem Streit zwischen WERGELAND und WELHAVEN gelegt hatten, die Zeit der akademischen Diskussionen. Aber auch hier blieb er ein zurückhaltender Zuhörer. Seine Begabung als Gelegenheitsredner, die er später, am liebsten in kleinem Kreise, mit einer feinen Mischung von Humor und tiefem Gefühl zeigte, kam in seiner Studentenzeit nicht zur Entfaltung.

Er wurde ein eifriges und tätiges Mitglied des Studentengesangvereins seit dessen Gründung unter LINDEMAN, dem Sammler norwegischer Volkslieder, der von da an einer seiner Freunde fürs Leben war.

Sein letztes Studienjahr fiel in das Revolutionsjahr 1848. Er kam oft auf den Eindruck zurück, den diese ganze Reihe von Revolutionen auf ihn und seine Kameraden gemacht hatte. In Kongsberg sollte er später auch mit ihren Nachwirkungen in Norwegen in Berührung kommen. Gern trug er das Studentenlied von dem berühmten Revolutionsleiter, dem Hutmacher aus Hönefoss, vor.

Aus wirtschaftlichen Gründen wagte er nicht, an der Zusammenkunft der skandinavischen Studenten in Kopenhagen 1845 teilzunehmen. Aber als Entschädigung unternahm er eine kleine Fußtour in Telemarken. Diese Reise war ihm immer eine wertvolle Erinnerung. Sie führte zu einem Besuch im Pastorenhaus in Saude und zu einem Zusammensein mit dem Dichterpastor SIMON OLAUS WOLF. Er erzählte, daß er erst durch diesen, den Verfasser von ,,Wie herrlich ist mein Vaterland", wirklich einen Blick für die Schönheit der unberührten Natur bekam. Dies wurde für ihn ein Gewinn fürs Leben und noch ein Band zwischen ihm und seinem Vaterland.

LEONHARD EULER 1705—1783.

Eulers Briefe an eine deutsche Prinzessin.

Anregungen von dauernder Bedeutung für sein späteres wissenschaftliches Leben empfing BJERKNES überhaupt nicht an unserer Universität. Sie hatte zu seiner Zeit wenig in seinem Fach zu bieten. Der entscheidende Anstoß kam ganz zufällig von außerhalb und richtete seine Aufmerksamkeit auf eine der offenen Fragen, die die Forscher in verschiedenen Zeiten verschieden oder direkt entgegengesetzt beantwortet hatten.

Wie er erzählte, suchte er eines Tages in einer Kiste mit alten Büchern herum, die auf dem Boden im Hause seiner Mutter stand. Ob es in der Studenten- oder Schulzeit war, wußte er nicht mehr genau. Da fiel ihm ein altes Buch in Ledereinband in die Hände, sicherlich eins von denen, die sein Vater aus seiner Studienzeit in Kopenhagen mitgebracht hatte. Der Titel lautete: „Briefe an eine Prinzessin in Deutschland über verschiedene Gegenstände der Physik und Philosophie, in französischer Sprache von Herrn LEONHARD EULER geschrieben und nach dem 1770 herausgekommenen Original übersetzt von C. C. PFLEUG, Kopenhagen 1792." Das Buch stammt aus der Aufklärungszeit, wo wissenschaftliche Vorträge und Demonstrationen zur gelegentlichen Unterhaltung an den Höfen aufgeklärter Fürsten und bei den Zusammenkünften der guten Gesellschaft gehörten, wie bei uns BERNT ANKER seine Gäste mit physikalischen Vorträgen und Experimenten unterhielt.

Wie angesehen das Buch war, geht daraus hervor, daß die Kronprinzessin MARIA SOPHIA FRIDERIKA die Widmung der Übersetzung angenommen hatte. Als ein Bild der Zeit, in der das Gedeihen der Wissenschaft von der Gunst der Fürsten abhing — wie jetzt in unserem demokratischen Zeitalter von der der Nationalversammlungen und Parlamentarier —, wird man die Zueignung mit Interesse lesen. Sie lautet:

„Gnädigste Kronprinzessin!

Ew. Königliche Hoheit haben mir gnädigst erlaubt, *Höchstderselben* diese dänische Übersetzung von Professor EULERS französischen Briefen an eine deutsche Prinzessin über verschiedene Gegenstände der Physik und Philosophie zu widmen. Gerührt von einem solchen Beweis der Gnade *Eurer Königlichen Hoheit,* sehe ich darin die schönste Hoffnung, welche Gunst und welchen Schutz die Wissenschaft und ihre Vertreter in der Zukunft von der teuren künftigen Landesmutter erwarten dürfen. Wie stark würde doch zur Verbreitung von Kenntnissen ermuntert werden, wenn dies von seiten des Thrones mit gütiger Aufmerksamkeit begünstigt würde; und welch guten Einfluß hätte nicht die Ausbreitung von Kenntnissen für das Wohl der Fürsten und Völker!

Physik und Philosophie sind zwei Hauptwissenschaften und können als die Grundlage aller menschlichen Erkenntnis betrachtet werden. EULER traf also eine gute Wahl, als er es unternahm, der hohen Dame Aufklärung über verschiedene hierher gehörende Fragen zu geben; man spürt in seinen Vorträgen, wieviel Lust und Neigung die Prinzessin gehabt haben muß, die behandelte Materie gründlich kennenzulernen. Das hat seinen Briefen eine gewisse, mit Gründlichkeit verbundene Anmut gegeben, so daß sie, besonders in deutscher Übersetzung, einen ungewöhnlichen Beifall gefunden haben.

Einen ebensolchen Beifall darf auch diese dänische Übersetzung bei dänischen und norwegischen Lesern und Leserinnen erhoffen, besonders da sie mit gnädigster Erlaubnis mit dem hohen Namen *Eurer Königlichen Hoheit* geschmückt ist."

In der Vorrede des Übersetzers heißt es u. a.:

„Jeder denkende Mensch beider Geschlechter findet ohne Zweifel Nutzen und Vergnügen daran, Grund und Ursache der vielen verschiedenen Wirkungen und Umwandlungen zu kennen, die täglich vor unseren Augen in der sichtbaren Natur vor sich gehen ... Die hohe Dame, die auf diese Art Unterricht in tiefsinnigen Wissenschaften nahm, hat damit ihrem Geschlecht ein aufmunterndes Beispiel gegeben, sich nicht für zu schwach zu halten, Einsicht in Dinge zu erwerben, die Nachdenken verlangen ... und ich werde mich reich belohnt sehen, wenn die Leser beiderlei Geschlechts diese dänische Übersetzung ebenso unterhaltend und aufklärend finden, wie die Prinzessin in Magdeburg EULERS Originalbriefe fand."

Das alte Buch enthielt viel Veraltetes. Aber es brachte C. A. BJERKNES zum erstenmal unter den Einfluß eines der großen Klassiker der exakten Naturwissenschaften, der gleichzeitig eine ihrer sympathischsten Persönlichkeiten war. Ihm fiel auf, daß das, was er hier las, in wesentlichen Punkten nicht mit dem übereinstimmte, was er in Vorlesungen oder Lehrbüchern gelernt hatte. Ihm wurden die Augen geöffnet für die großen offenen Fragen, über die die Meinungen von Generation zu Generation gewechselt haben, Fragen, die in ständig neuer Form auftauchen und immer aufs neue anziehen und zu neuer Forschung reizen.

Die alten Griechen hatten klar und scharf über die Frage diskutiert: Ist der Raum gefüllt oder leer? Und sie hatten zwei entgegengesetzte Antworten gegeben, beiderseits mit den ersten grundlegenden Argumenten begründet. ANAXAGORAS behauptete, daß der Raum ausgefüllt war. Wo Stoff war, war Raum, und wo Raum war, war Stoff. DEMOKRIT und die atomistische Schule vertraten den entgegengesetzten Standpunkt. Der Stoff bestand aus Atomen, die sich im leeren Raum bewegten. Der leere Raum zwischen den Atomen machte erst die Bewegung möglich. Sonst hatte das erste Atom, das sich in Bewegung setzen wollte, keinen Platz, zu dem es sich hinbewegen konnte. Die Anhänger der Kontinuitätslehre antworteten darauf: Das den Raum ausfüllende Medium weicht an der Vorderseite des sich bewegenden Körpers zurück und füllt den Raum hinter ihm wieder aus. Jede Bewegung ist wie die „des Fisches im Wasser".

Zwischen diesen beiden entgegengesetzten Auffassungen ist die Meinung der Naturphilosophen und Physiker hin und her gependelt, je nachdem sich die neuentdeckten Tatsachen am besten vom einen oder anderen Standpunkt aus erklären ließen. Der Atomismus gibt uns, gegenüber der Kontinuitätslehre, konkrete Bausteine, wo es sich um Individualisierung handelt. Er erklärt ohne Schwierigkeit die Existenz verschiedener Körper mit verschiedenartigen Eigenschaften. Daher mußte selbstverständlich die Chemie ihn übernehmen, als sie so weit gekommen war. Aber die Schwäche des reinen Atomismus zeigt sich, wenn man fragt: Woher kommt der Zusammenhang? Wodurch entsteht eine Wechselwirkung zwischen getrennten Körpern? Wie kann z. B. ein Körper durch den leeren Raum hindurch einen anderen bestrahlen? Hier besitzt die Kontinuitätslehre gleich den Ausgangspunkt einer Erklärung.

Nach dem Wiederaufblühen der Wissenschaften in der Renaissancezeit versuchte DESCARTES mit Gewalt beide Auffassungen zu vereinigen. Der ganze Weltraum war mit Atomen angefüllt, die in unmittelbarer Berührung miteinander standen. Die Atome waren kugelförmig, füllten aber trotzdem den ganzen Raum.

Denn wo kein Stoff war, war auch kein Raum. In jedem Sonnensystem war dieses den ganzen Raum ausfüllende und gleichzeitig aus Atomen bestehende Medium in wirbelnder Bewegung. Diese Wirbel führten Planeten und Trabanten auf ihren Bahnen herum. Und durch Druck von Kugel auf Kugel pflanzte sich das Licht durch das Medium fort.

Aus DESCARTES' Drucktheorie entwickelte sich HUYGHENS Wellentheorie des Lichtes. DESCARTES' kosmische Wirbeltheorie konnte aber nicht bestehen, als sie nach NEWTONS Entdeckung des Gesetzes der Schwere einer quantitativen Probe unterworfen wurde. Da mußten seine Wirbel der Theorie weichen, daß die Körper die Fähigkeit haben, aus der Entfernung durch den leeren Raum aufeinander zu wirken. Aber dies kostete einen gewaltigen Kampf gegen die Anhänger DESCARTES', welche behaupteten: Ein Körper kann nur *wirken*, wo er *ist*. NEWTON selbst hatte sich vorsichtig zurückgehalten. Er sagte nicht geradezu: die Himmelskörper ziehen sich gegenseitig an. Er sagte, sie bewegen sich, *als ob* sie sich anziehen. Aber die Tatsache, daß man die Bewegung der Himmelskörper bis ins kleinste nach den Formeln des Anziehungsgesetzes berechnen konnte, wirkte ganz überwältigend. Was NEWTON nur als Möglichkeit andeutete, wurde für Wirklichkeit genommen: Man ging dazu über, dem Stoff als eine Fundamentaleigenschaft die Fähigkeit zuzuschreiben, aus der Entfernung durch den leeren Raum wirken zu können. In Verfolgung dieses Gedankens wurde der Atomismus bis zum Äußersten durchgeführt. Die Atome wurden schließlich zu reinen Kraftzentren ohne körperliche Ausdehnung, mit der Fähigkeit ausgerüstet, aus der Entfernung aufeinander zu wirken.

Ein wesentlicher Punkt der NEWTONschen Theorie war, daß die Himmelskörper bei ihrer Bewegung durch den Weltraum keinen Widerstand finden dürften. Nun konnte sich niemand vorstellen, daß das Medium, mit dem DESCARTES oder HUYGHENS den Raum gefüllt hatte, keinen Widerstand ausübte. Es mußte allmählich die Bewegung der Himmelskörper verzögern, so daß sie früher oder später in die Sonne hineingezogen würden. Dies war einer der Hauptgründe für NEWTON, weshalb er die HUYGHENSsche Wellentheorie durch die atomistische Emanationstheorie ersetzte: Das Licht wird verursacht durch außerordentlich feine Teilchen, die von den leuchtenden Körpern abgestoßen werden. Das machte den Raum zwar nicht ganz leer, wie es zu wünschen wäre, aber er wurde doch fast leer.

Nach langem und heftigem Kampf siegte die Emanationstheorie des Lichtes vollständig über die Undulationstheorie. Und die Lehre, daß die Körper aus der Entfernung durch den leeren Raum aufeinander wirken können, wurde als das wichtigste Grundprinzip der Physik oder Naturphilosophie aufgestellt. Als letztes Argument für diese Anziehungslehre wurde immer geltend gemacht, daß Gott in seiner Allmacht den Stoff, den er selbst geschaffen, auch mit dieser Eigenschaft ausrüsten konnte, wie wunderbar es auch scheinen mochte.

Der einzige bedeutende Mann, der noch nach der Mitte des 18. Jahrhunderts die alten Ansichten verteidigte, war EULER. Sein Kampf — auf dem Rückzug — gegen die siegende Idee der Zeit beeinflußt stark den Unterricht, den er in seinen Briefen der deutschen Prinzessin gibt. Nach einer Darstellung der Akustik geht er zur Optik über. Er diskutiert umständlich alle Seiten der Emanationstheorie und der Undulationstheorie, und auf Grund der Analogie von Ton und Licht gibt er endgültig der Undulationstheorie den Vorzug. Dabei stellt er fest, daß die Physik ein raumerfüllendes Medium nicht entbehren kann. Diese Theorie sollte erst ein oder zwei Menschenalter später durch die Entdeckungen von YOUNG und FRESNEL siegen. Wahrscheinlich hat BJERKNES in seiner Studienzeit einen unmittelbaren Eindruck dieses Sieges der EULERschen Ideen gehabt. Denn JAC. KEYSER war wohl aller Wahrscheinlichkeit nach ein Anhänger der Emanationstheorie, während LANGBERG, der 1847 sein Amt antrat, die Undulationstheorie vertrat. Daß so alte Ideen von neuem auftauchen und siegen können, hat sicher Eindruck auf BJERKNES gemacht.

Aber EULER ging weiter. Nachdem er das NEWTONsche Gesetz der Anziehung wiedergegeben und gezeigt hat, daß es eine formelle

Berechnung der Bewegung der Himmelskörper zuläßt, geht er einen Schritt weiter und fragt nach dem Grunde dieses Gesetzes. Er gibt in klarer und scharfer Form die gewöhnlichen Argumente der Cartesianer gegen die Annahme einer Fernwirkung als Fundamentaleigenschaft der Materie wieder. Kann man wirklich annehmen, fragt er, daß ein toter Körper Verlangen nach einem anderen hat? Wie kann er wissen, wo der andere Körper ist, nach dem er Verlangen trägt? Und hat er die Fähigkeit, sich selbst in dem leeren Raum in Bewegung zu setzen, kraft dieses Verlangens? Sicherlich kann Gott in seiner Allmacht das Wunder tun, der toten Materie diese Eigenschaften zu geben. Aber er kann das Ziel auch auf anderem Wege erreichen.

Den toten Körpern will EULER daher nur tote Eigenschaften zuerkennen. Er hob drei Eigenschaften als grundlegende hervor: Jeder stoffliche Körper hat eine *Ausdehnung*, d. h. er nimmt einen gewissen Raum ein; er ist *undurchdringlich*, so daß zwei verschiedene Körper nicht denselben Raum einnehmen können; und er ist *träge*, so daß er nicht aus sich selbst heraus seinen Bewegungszustand ändern kann. Eine Veränderung des Bewegungszustandes geht nur im Zusammenstoß mit einem anderen Körper vor sich, die beide ihren Bewegungszustand bewahren wollen und, auf ihre Undurchdringlichkeit gestützt, um den Platz in demselben Raum kämpfen. Was für uns wie Fernwirkung zwischen getrennten Körpern aussieht, kann nur dem Medium zugeschrieben werden, das den ganzen Raum ausfüllt und dessen Existenz uns das Licht bezeugt; das Medium fordert den Platz der Körper in der Weise, daß sie zu- oder voneinander getrieben werden. Aber wie dies genauer vor sich ging, konnte erst die zukünftige Forschung zeigen. EULER selbst konnte nur ein Forschungsprogramm aufstellen: Alles, was in der physischen Welt geschieht, ist zurückzuführen auf die Selbstbehauptung der Körper, die die Grundeigenschaften der Ausdehnung, Undurchdringlichkeit und Trägheit besitzen. Sein Grundgedanke war die *Selbstbehauptung der Körper dort, wo sie sind* — im Gegensatz zum Prinzip der Fernwirkungslehre: Die Körper *wirken* dort, wo sie *nicht sind*.

Hierin stand EULERS Lehre in absolutem Gegensatz zu allem, was BJERKNES in seiner Studienzeit in Lehrbüchern finden oder in Vorlesungen hören konnte. Man hatte EULER nur in dem einen recht gegeben, daß um des Lichtes willen ein raumfüllender Äther vorhanden sein müßte. Die Lehre von der unvermittelten Fernwirkung dagegen war zu fest begründet, als daß daran gerüttelt werden konnte. Die Schwere ebenso wie die elektrische und magnetische Anziehung und Abstoßung waren Wirkungen aus der Ferne, die ganz unabhängig davon waren, ob ein Lichtäther vorhanden war oder nicht.

Aber die klare und einfache Argumentation EULERS hatte auf BJERKNES tiefen Eindruck gemacht. Dies hatte keine unmittelbaren Folgen. Was er hier zu Hause lernte, gab ihm keinen Anhalt, wie er mit der Frage weiterkommen konnte. Aber in seinem Unterbewußtsein lebten von nun an die EULERschen Gedanken und sollten zur rechten Zeit daraus auftauchen.

In der Bergwerksstadt.
1848—54.

Nachdem BJERKNES und CHRISTIE im Sommer 1848 ihr Bergexamen beide mit laudabilis bestanden hatten, begleiteten sie den damaligen Konservator in Mineralogie, den späteren Forstmeister HÖRBYE, auf einer geologischen Exkursion in die Gegend um den Fämundsee. BJERKNES zählte diese Reise immer zu seinen interessantesten Erinnerungen. Nach ihrem Abschluß schrieb er auch eine ausführliche Beschreibung aller ihrer Erlebnisse nieder, aber — charakteristisch für die Selbstkritik, die ihm auf seinem Wege ein großes Hindernis werden sollte — er verbrannte sie später. Der wissenschaftlich warm interessierte und persönlich ungewöhnlich angenehme HÖRBYE wurde seit jener Zeit einer seiner Freunde fürs Leben. Aus HÖRBYES offiziellem Bericht sieht man, daß sie besonders die Gletscherschliffe an den Felsen und die Wanderung der Steine studiert haben. Die Erscheinung führt er nach der Ansicht der Zeit auf eine Überschwemmung zurück, wird aber stutzig dadurch, daß der Fluß in den verschiedenen Teilen des Distriktes verschiedene Richtung gehabt haben muß. Die jetzt so selbstverständliche Lehre von der Eiszeit wird nicht erwähnt.

Im Herbst begaben sich beide Kandidaten nach Kongsberg, wo sie sich der praktischen Bergmannsprüfung unterwarfen. Danach war es nicht leicht, eine Stellung zu finden. Es herrschte Überproduktion an Bergkandidaten, nicht zum wenigsten, weil viele im Bergfach einen Nothafen suchten als Übergang zur Schule oder zu anderen Wissenschaften. Beide betrachteten es daher als großes Glück, als sie im Anfang des Jahres 1849 Anstellung im Silberbergwerk bekamen.

Kongsberg ist eine ganz eigenartige Stadt, die aus einer deutsch-dänischen Bergwerkskolonie entstanden ist. Mit seinem Silberbergwerk, den vielen zugezogenen Fachleuten und seinem Bergseminar, dem ältesten der Welt, war es ein eigentümliches Kulturzentrum. Deshalb hatte man es seinerzeit zuerst als Sitz der Universität ausersehen. Das Schicksal der Stadt war eng mit dem Schicksal des Silberbergwerks verknüpft. Die größte Bevölkerungszahl erreichte sie während der Glanzperiode des Silberbergwerks im 18. Jahrhundert, litt aber dann auch um so schwerer unter dem darauffolgenden Niedergang. Die fast vollständige Stilllegung des Silberbergwerkes im Anfang des 19. Jahrhunderts führte zu einer traurigen Arbeitslosigkeit mit großen Lasten der Stadt für die Armen. Mit der Wiederaufnahme des Silberbergwerks im Anfang der dreißiger Jahre fing es wieder an, aufwärts zu gehen. Aber die Stadt hatte viele Lasten zu tragen als Folge der schlechten Zeiten.

Um sich gegen übereilte Schritte zu sichern, die früher viel Schaden angerichtet hatten, wurde bei der definitiven Wiederaufnahme des Silberbergwerks 1833 eine Dreimännerdirektion eingesetzt, mit dem Eidsvoldsmann[1] STEENSTRUP als erstem Direktor. Er war unzweifelhaft ein tüchtiger Techniker, u. a. der Be-

---

[1] Eidsvoldsmänner nannte man die Teilnehmer der Reichsversammlung, welche die neue Verfassung 1814 in Eidsvold schufen.

gründer der Kongsberger Waffenfabrik, und ein großer Idealist, doch seine finanziellen Dispositionen waren nicht immer von Erfolg begleitet. 1839 wurde der Deutsche BÖBERT[1] sein Nachfolger als erster Direktor. Aber eine dreiköpfige Direktion arbeitet nicht leicht, und ihre Anordnungen waren der Kritik des abgegangenen Direktors STEENSTRUP ausgesetzt. Vor allem galt sie einer Sache von großer Bedeutung für den Betrieb des Silberbergwerks, nämlich dem von der Direktion 1843 beschlossenen Knie im Christianstollen (einem Absatz von etwa 15 m im Stollenprofil, der damit begründet wurde, daß man so das Gefälle für den Betrieb eines Wasserrades schaffen wollte). Die Verhältnisse wurden nicht besser, als 1846 S. A. SEXE als Bergmeister angestellt wurde. Er teilte STEENSTRUPS Ansicht, besonders in der wichtigen Frage des Stollenknies, und kam bald in ein gespanntes Verhältnis zur Direktion. Es war daher nicht besonders angenehm für die beiden jungen Bergkandidaten, nun kleine Räder in der großen, knirschenden Maschine zu werden. Und dazu kam, daß ihre besondere Arbeit alles andere als angenehm war. — Doch das verlangt besondere Aufklärung.

Einer der Vorzüge des Kongsberger Silberwerkes besteht darin, daß das Silber gediegen vorkommt. Aber jeder Vorzug hat auch seine Schattenseiten. Er eröffnete die Möglichkeit eines Bergwerkbetriebes im kleinen. Der einzelne Arbeiter in der Grube oder im Pochwerk konnte nur allzu leicht die besten Stücke, die durch seine Hände gingen, für sich behalten. Auf diese Art war der private Bergwerksbetrieb ebenso alt wie das Silberbergwerk selbst. Das billige Silber, das auf diese Weise unterderhand verbreitet wurde, hat große Bedeutung für die Entwicklung unserer nationalen Silberindustrie gehabt. Aber deshalb hat dieser Handel doch nicht weniger sowohl materiell wie moralisch dem Silberwerk, der Stadt und den umliegenden Orten geschadet. Als das Bergwerk daniederlag, konnte nicht verhindert werden, daß viele arbeitslose Hände nach diesem privaten Bergwerksbetrieb griffen. Und er war nicht leicht zu beseitigen, als das Bergwerk wieder in regulären Betrieb genommen wurde. Er nahm gar zu leicht organi-

---

[1] Verheiratet mit ELISABETH ABEL, der Schwester des Mathematikers.

sierte Formen mit stillem Einverständnis zwischen Arbeitern und Aufsichtspersonen an. Und vieles konnte vor der Direktion verborgen werden, die in der Stadt wohnte und nur gelegentlich den 8 km von der Stadt entfernten Gruben einen Besuch abstatten konnte.

S. A. SEXE entwirft in „Morgenbladet" vom 10. Februar 1851 ein sehr trübes Bild von den Zuständen, die er vorfand, als er 1847 als Bergmeister eintrat und so als der eigentliche Leiter des Betriebes die Verhältnisse aus der Nähe kennenlernte. Er hörte sofort Gerüchte, erzählt er, „von einer Bande von Silberdieben in den Gruben, von Silberhändlern in Kongsberg, Sandsvär und Nummedal, von Silberarbeitern in Drammen und Christiania, von Versendung von Silber an verschiedene Orte des In- und Auslandes". Der Ursache dieser Gerüchte auf den Grund zu kommen, war nicht leicht, wenn man auch ab und zu einen Beweis erhielt, daß Mißstände vorhanden waren, wie bei der Gelegenheit, als der Polizei „mit Silber angefüllte Rucksäcke aus Nummedal in die Hände gefallen waren". Aber als der Mann des Volkes, der er war, gelang es SEXE allmählich, das Vertrauen der Arbeiter zu gewinnen. Er glaubte nur allzu gute Beweise für die Wahrheit der Gerüchte zu haben und meinte, der Kern der Sache läge bei betrügerischen Aufsichtsbeamten.

Gelegenheit macht Diebe. Um diese Gelegenheit zu beseitigen, ließ er das wertvolle Erz in verschlossenen Tonnen heraufbringen. Aber das war nur eine teilweise Hilfe gegen das eigentliche Übel. Deshalb wurde 1848 beim Storthing um Bewilligung besonderer Maßnahmen gegen die Silberdiebstähle nachgesucht. Das Komitee fand, daß die vorhandenen Justizbefunde die Sachlage genügend aufklärten, und nahm an, daß der Grund in einer ungenügenden Aufsicht von seiten der Unterbeamten lag, und sah „das wirksamste Mittel, um diesen Defraudationen vorzubeugen, darin, daß diese Posten soweit wie möglich mit Bergkandidaten besetzt werden und nicht wie bis jetzt, mit den tauglicheren Arbeitern, wodurch man erreichen würde, daß diese, als außerhalb des Arbeiterstandes Stehende, nicht in Verwandtschafts- oder Freundschaftsverhältnis mit den Arbeitern stehen, was die Aufsicht hindern könnte."

Weiter hofft das Komitee, daß die Ausgaben für diese Maßnahmen gegen den Silberdiebstahl viele Male wieder eingebracht werden „durch den hoffentlich dadurch verhinderten Verlust. Außerdem muß es der Staat als seine Pflicht betrachten, die Demoralisation im Kongsbergdistrikt, die eine Folge des gesetzwidrigen Betriebes ist, auf jede Art zu bekämpfen."

Für die mit dieser Begründung bewilligten 500 Speziestaler wurden unter anderem zwei Stellungen für „Nachtsteiger" eingerichtet, bei der Königsgrube und der Armengrube. Diese zwei Stellungen fielen den neuen Bergkandidaten CHRISTIE und BJERKNES zu. Die wichtigste Pflicht der beiden angehenden Wissenschaftler bestand darin, die Arbeiter zu befühlen, wenn sie von der Arbeit kamen, und eventuell eine Körpervisitation vorzunehmen.

Das war wenig angenehm, und die übrigen Arbeitsbedingungen waren nicht besser. Die zwei Nachtsteiger mußten alle drei Tage miteinander abwechseln im zusammenhängenden Dienst in der Grube. Hier hatten sie ihren Posten am „Mundloch" des Frederikstollens, das man auf dem Bilde sieht, und beim Pochwerk, das etwas tiefer lag. Während ihrer dreitägigen Wacht kamen die Nachtsteiger nicht aus den Kleidern. Nachts und Sonntags lagen die Gruben still. Aber die Arbeiter konnten zu allen Zeiten kommen und gehen, zum Beispiel zur Ausführung von Reparaturen, deshalb mußte der Wachthabende immer da sein. Nachts schlief er auf einer Holzpritsche in dem kleinen Wachthaus, das man über dem Mundloch sieht. Jedesmal, wenn die Glocke läutete, mußte er von seinem harten Lager auf zur Visitation der Arbeiter. In den wenigen Briefen von BJERKNES, die aus jener Zeit aufbewahrt sind, finden sich einige Stellen, die ein Licht auf die Annehmlichkeiten des Lebens eines Nachtsteigers werfen. Am 5. März 1850, also nach zwei Monaten Dienst, schreibt er an seine Mutter: „... Aber etwas, worum ich vorigesmal zu bitten vergaß, sind Handtücher. In der ganzen Zeit, die ich in der Grube bin, kann ich mich nicht waschen, und das, scheint mir, könnte doch nicht schaden... Die Hälfte der Zeit bin ich ja an die Grube gebunden. Man hat keine sehr angenehme Arbeit und muß immer in den

Kleidern sein. Nachts muß man zu unregelmäßigen Zeiten auf; das ist sauer, besonders wenn es schneit und weht, so daß man sich vorwärts schaufeln muß, wenn man sich einen Weg durch die

Frederikstollen mit dem Wachthaus der Nachtsteiger (über dem Stolleneingang).

Schneewehen bahnen will; aber nach und nach gewöhnt man sich daran, und im Sommer, glaube ich, können diese nächtlichen Spaziergänge ganz nett werden; indessen steht man ja ungern auf, besonders gegen Morgen, aber dabei ist ja nichts zu machen. Man hat wohl Gelegenheit, so lange zu schlafen, wie es nötig ist, aber es ist ein unterbrochener Schlaf, und man kann sich nicht ruhig niederlegen. Ich brauche sowohl die Decke wie den Reisemantel zum Zudecken, und trotzdem muß der Heizer die ganze Nacht durch im Ofen nachlegen, sonst friert man; man liegt nicht so warm wie in einem weichen Bett..."

Waren die Nächte der Nachtsteiger unruhig, so waren die Sonntagswachen grenzenlos langweilig; eine Erinnerung an den Zeitvertreib eines Nachtsteigers in der Langeweile eines solchen Sonntags konnte man lange über dem Mundloch sehen. Zufällig stand ein vergessener Malereimer dort. Da setzte BJERKNES eine Leiter an und malte das Bergmannszeichen, zwei gekreuzte Hammer, auf den großen Stein, der die Wölbung oben abschließt. Diese einzige Arbeit BJERKNES' in Öl blieb erhalten, solange der Frederikstollen befahren wurde. Aber wer der Meister war, ist sicher schon lange vorher in Kongsberg vergessen gewesen.

Die Nachtsteigerarbeit gab den beiden Bergkandidaten eine eigentümliche Stellung zwischen den Arbeitern und den „Honoratioren" der Stadt. Als Aufsichtsbeamte gehörten sie zu den Arbeitern, als „examinierte Bergkandidaten" zur Oberklasse und nahmen am gesellschaftlichen Leben der Stadt teil, wenn der Dienst es zuließ. Sie hatten ein Recht, die Besuche am Neujahrstag mitzumachen, wenn alle alle besuchten, wo jedem bei jedem Besuch etwas angeboten wurde und der Wirt den Gästen das Geleit gab, so daß die wandernden Gruppen von Neujahrsgratulanten immer größer wurden und der Gang bei vielen immer unsicherer. Aber die Geselligkeit hatte auch gebildetere Formen. In dem obenerwähnten Brief erzählt er weiter: „... Ich bin oft bei Direktor Möller, wo Gesangsübungen abgehalten werden. Er ist so eingenommen für allen Gesang, daß er selbst angefangen hat zu singen. Aber das kleine Quartett, das sich auflöste, als Leutnant LASSEN abreiste, und das uns so oft Einladungen und Frohsinn verschafft hat, kann nicht ersetzt werden. Weder CHRISTIE noch ich wären wohl ohne dasselbe so viel in Gesellschaft gewesen. Gestern war ich bei Oberförster TILLISCH. Direktor MÖLLER kam auch hin, wohlausgerüstet mit Notenheften, die in Verbindung mit Punsch und Tanz die Annehmlichkeiten dieses Abends bildeten. Eines Teiles der Gesellschaften und Bälle geht man verlustig, weil man nur die Hälfte der Sonntage zur Verfügung hat. Am Mittag des ersten Markttages muß ich wieder die langen dreiviertel Meilen[1] laufen, so weit soll es bis dorthin (zur Grube) sein, und dann bleibe ich dort über die Marktfeiertage. Diesmal muß ich auf diese Art feiern, ein andermal paßt es wohl besser..."

Der Kongsberger Markt, den er hier erwähnt, war selbstverständlich eines der großen Ereignisse des Jahres. Dort machte man seine großen Einkäufe. Seine Mutter hatte ihm aus diesem Anlaß dreißig Speziestaler vorgestreckt. In demselben Brief gibt er an, wie er das Geld verwenden will, obwohl er diesmal nur wenig Zeit zur Verfügung hat und ihm die eigentlichen Marktvergnügungen entgehen, die am dritten Markttage ihren Höhepunkt erreichten. Nach einer Reihe Bemerkungen über den mißlichen Zustand seiner Garderobe schreibt er: „... zum Markttage muß ich Ernst machen und mir einen Kittel anschaffen, um nicht immer geliehene Sachen benutzen zu müssen. Es ist zum Glück eine hübsche und billige Tracht ... weil ich jetzt etwas Geld habe, will ich mir noch einige andere nützliche Sachen kaufen, wozu jetzt in der Marktzeit Gelegenheit ist, z. B. eine Kleiderbürste, die ich schon lange entbehre und die man für etwas sehr Nützliches hält, wenn man sie nicht hat..." Er schaffte sich auch wirklich die vollständige Bergmannstracht mit Kittel, Bergmannshut ohne Rand und Arschleder an.

In dieser Bergmannsuniform traten die beiden Nachtsteiger auf, wenn sie, zusammen mit den Arbeitern, Gäste des Silberbergwerks bei dem großen Johannisfest waren, und wurden der Reihe nach aufgerufen, um eingeschenkt zu erhalten:

. . . .
Nachtsteiger CHRISTIE, ein Schnaps,
Nachtsteiger BJERKNES, ein Schnaps,
. . . .
usw. der Reihe nach.

[1] 8 Kilometer.

Auf diese Weise war das Leben in Kongsberg nicht ohne Abwechslung und anziehende Seiten. Das Bergmannsleben hat ja auch immer seine eigene Poesie gehabt mit dem doppelten Dasein, eines untertags in der Tiefe des Berges und das andere obertags. Und es war ein festlicher Anblick, wenn man der großen Schar Bergleute folgte auf ihrem Heimweg durch den Wald, wo sie in langer Reihe mit Fackeln gingen, so daß man von der Stadt aus eine leuchtende Schlange sich den Hügel herabschlängeln sah. Die jüngeren Bergkandidaten bildeten auch einen Kreis mit vielen Interessen, sowohl innerhalb wie außerhalb des Bergfaches, und trafen zusammen, um über alles zwischen Himmel und Erde zu diskutieren. Doch gleichwohl blieb das Nachtsteigerleben wenig anziehend, mit den langen Stunden der Langeweile und dem ebenso peinlichen aktiven Teil des Dienstes.

Zudem war in diesen Jahren das Verhältnis zwischen Arbeitern und Aufsichtsbeamten sehr schwierig. Das Leben stand unter den Nachwirkungen der Revolutionen von 1848 und hierzulande unter denen der von MARKUS THRANE geleiteten Arbeiterbewegung. Und diese griff gerade in Kongsberg tiefer und dauernder ein als irgendwo anders im Lande. Alles scheint aber darauf hinzudeuten, daß die zwei Kandidaten im Alter von 24 Jahren ihre delikate Arbeit gut ausführten. CHRISTIES Stellung zur Arbeiterbewegung kenne ich nicht. Aber bei BJERKNES hatten die Ideen der Zeit jedenfalls genug gewirkt, daß er die ideelle Seite der Bewegung sah. Er mußte sich auch selbst mehr für aus der Volkstiefe aufgestiegen als nach Geburt der Oberklasse angehörig halten. Und die Tatsache, daß ein Mann wie SEXE hinter der strengeren Kontrolle stand, ist sicher eine große Stütze gewesen. Soweit man urteilen kann, hat die Kontrolle auch moralisch gut gewirkt. Das sieht man vielleicht am besten daraus, daß CHRISTIE während seiner ganzen Nachtsteigerzeit nicht einen einzigen Dieb abfaßte und sein im übrigen viel weniger praktisch veranlagter Kollege BJERKNES nur einen. Dem Betreffenden hatte man schon lange mißtraut. Man glaubte, daß er auf geschickte Art Silber mitnähme. Der ganz dramatischen Umstände, unter denen er abgefaßt wurde, erinnere ich mich nicht mehr genau. Aber als ein Silberstück im Werte von zwölf Schilling in seiner Mütze gefunden wurde, sagte er lakonisch: „Nun brauche ich nicht dem König zu dienen."

Mit diesem sozialpolitischen Hintergrund vor Augen ist ein öffentliches Zeugnis aus der Reihe der Arbeiter nicht ohne Interesse, das sich vor allem mit SEXEs Tätigkeit, aber daneben auch mit der der zwei Nachtsteiger beschäftigte. In einem Artikel im „Morgenbladet" vom 16. März 1851, unterzeichnet „Viele, viele Silberwerksarbeiter", heißt es u. a.: „In Bergmeister SEXE hatten wir keinen solchen Vorgesetzten, bei dem der arme Arbeiter sich erst mit guten Sachen für die Küche an die Hausfrau wenden muß, ehe er Zutritt zum Herrn erhält. Ebensowenig mußte sich der Arbeiter damit begnügen, im Vorzimmer dem Dienstmädchen sein Begehren auseinanderzusetzen, damit dieses es dem Herrn überbrächte, wobei der Arbeiter nicht über die oft zweideutigen Handlungen der Untergebenen mucken durfte ... Kurz gesagt, Bergmeister SEXE war der Mann, der den alten Aufsichtsbeamten kein Vertrauen mehr entgegenbrachte, über welche die mißlichsten Gerüchte umliefen. Einige von ihnen nahmen Geld und Gaben von den Arbeitern, damit sie ihnen zu höherer Arbeit verhalfen oder den Ansuchern Arbeit beim Werk verschafften, und außerdem zeigten sie ihren Untergebenen ein gutes Beispiel, wie man ein ums andere Mal in die Silberhaufen greift und es in der Tasche verschwinden läßt.

... Außerdem ist auch SEXE verhaßt, weil er uns Bergkandidaten zu Aufsichtsbeamten bestellt hat. Aber das nur bei solchen, die selber Steiger- oder Aufsichtsposten im Sinn hatten und die nun ihr totgeborenes Kind abstoßen mußten, was immer mit großen Wehen verbunden ist. Unsere neuen Aufsichtsbeamten haben sich doch so honett benommen, daß kein gerecht urteilender Arbeiter oder Vorgesetzter etwas an ihnen aussetzen kann"[1].

---

[1] Bei dem unten berührten gewaltsamen Silberbergwerksstreit kam dieser Artikel als ein Parteieinwurf. Die Gegenpartei behauptete, daß er nicht von einem Arbeiter geschrieben sein könnte und daß die „Vielen,

Die Studienzeit an der Universität hatte BJERKNES nicht viel Zeit zum Nachdenken gelassen. Es galt so schnell wie möglich das Examen zu machen, um die wirtschaftlichen Verhältnisse der Familie zu erleichtern. Aber jetzt gaben ihm die langen Wachtstunden Gelegenheit, über vieles nachzudenken. Das führte bei ihm zu dem Entschluß, sich der Mathematik zu widmen. Wenn er trotz der Begeisterung, die KEILHAUS Vorlesungen in ihm erweckt hatten, den Gedanken an die Geologie aufgab, so geschah das wohl unter anderem, weil er einsah, daß er reiner Denkmensch und kein Naturbeobachter war. Seinen Mangel in dieser Hinsicht hat er durch eine kleine Geschichte illustriert. Der Steiger PAAL FRISK zeigte ihm zum erstenmal den Weg in die Grube. Da sah er ein schwarzes Tierchen, das über den Weg kroch. ,,Was ist das für ein Tier, PAAL?" fragte BJERKNES. ,,Das ist eine Schnecke", sagte PAAL. ,,Ach, das ist eine Schnecke! Für die bekam ich ,ausgezeichnet' im ,zweiten Examen' bei RATHKE."

Was die endgültige Wahl des Studiums bestimmte, weiß ich nicht. Auf jeden Fall traf er einen, der dieselben Interessen hatte. Das war ein Arbeiter am Pochwerk. Dieser Arbeiter besaß und las mathematische Bücher. Von ihm kaufte BJERKNES das erste Lehrbuch, das über das Pensum von HOLMBOE fürs Bergexamen hinausging. Den Titel des Buches kenne ich nicht, und ebensowenig ist der Name des Arbeiters aufbewahrt. Wie weit seine Fähigkeiten reichten, wie weit er unter anderen Verhältnissen gekommen wäre, läßt sich nicht mehr entscheiden. Man kann sich nur der Worte WERGELANDS erinnern:

,,Schwermütig sitzt auf seinem Berg
Ein müß'ger Held, ein nicht gebrauchter Tell,
Oftmals ein Byron, eines Platos Seele,
So in des Volkes Masse still vergeht."

vielen Silberarbeiter" eine Mystifikation wären. Darauf erklärte der damalige Storthingsabgeordnete von Kongsberg, der Direktor der Waffenfabrik, P. C. HOLST, im ,,Morgenbladet" vom 12. März 1851, daß er den Artikel von dem ihm bekannten Silberarbeiter, der sein Verfasser war, entgegengenommen und an ,,Morgenbladet" weiterbefördert habe, da ,,Kongsbergs Adresse" für Aufsätze von dieser Seite verschlossen war.

Und wie der Pochwerkarbeiter für alle Zeiten unbekannt blieb in der Wissenschaft, die sein Interesse war, so wäre es auch BJERKNES fast ebenso gegangen.

Nachdem er sich durch das mathematische Buch des Pochwerkarbeiters hindurchgearbeitet hatte, beschloß BJERKNES, an HOLMBOE zu schreiben und ihn um Rat und Anleitung für sein weiteres Studium zu bitten. Er hat es sich sicher lange überlegt, bis er sich in seiner ganz unnatürlichen Zurückhaltung zu diesem Schritt entschloß. Sein Brief, der vom 8. September 1849 datiert war, existiert nicht mehr, er ist vermutlich bei dem Brand verlorengegangen, dem auch verschiedene Hinterlassenschaften ABELS zum Opfer fielen. Aber HOLMBOES Antwort verdient, erwähnt zu werden. Rechnet man die dreißig Jahre zurück, auf die HOLMBOE im Briefe hindeutet, so kommt man gerade auf die Zeit von 1819, wo er anfing, ABEL zu unterrichten. So haben wir hier die Regeln vor uns, wonach HOLMBOE ABELS Studium zu leiten suchte. Jetzt gibt er dieselben Regeln an BJERKNES weiter; wir können gern sagen als sein Testament. Er starb wenige Monate später[1].

Wie sehr die Zeiten wechseln mögen, werden doch diese streng spartanischen und tief psychologischen Regeln, vom großen LAGRANGE aufgestellt, ihre ewige Gültigkeit bewahren. Für jemanden, der wie BJERKNES in vollständiger Einsamkeit studieren mußte, waren die Regeln und Aussprüche des großen LAGRANGE viel mehr als eine Anleitung. Sie waren eine unschätzbare moralische Stütze.

Wie BJERKNES es fertiggebracht hat, sich die Werke zu verschaffen, die HOLMBOE ihm vorschlägt, ist nicht leicht zu verstehen. Denn der Lohn, den er für seine Nachtsteigerarbeit erhielt, war nicht groß. In demselben Brief, der oben zitiert ist, gibt er seiner Mutter folgende Aufklärungen über seine Lohnverhältnisse:

„... Freitag bekam ich zum erstenmal mein Gehalt. Ich finde, es ist unbillig, daß man erst nach zwei Monaten Geld bekommt,

---

[1] Diesen Brief sollte jeder Student der Mathematik lesen. Er ist im Anhang des Buches wiedergegeben.

und dann bekommt man außerdem nur den Lohn für den ersten. Ich bekam $7^1/_2$ Sp.-T, denn im ersten Monat habe ich nur drei Wochen im Dienst gestanden, wenn ich es so nennen soll. Sonst ist der Lohn 10 Sp.-T. im Bergmonat, d. h. 130 Sp.-T. im Jahre, da man hier das Jahr in 13 Bergmonate einteilt. Dieser Lohn reicht in keiner Weise aus, wenn man als gebildeter Mensch leben will und nicht als Arbeiter. Dazu hat man es für diesen unbedeutenden Lohn sicher viel saurer als die meisten..."

Dieser Lohn, in unserem Gelde 1,56 M. täglich, konnte nicht weit reichen. Man sieht auch ständig aus den Briefen, daß seine Mutter tut, was sie kann, um ihm zu helfen. Sie näht sein Unterzeug, setzt Flicken auf seinen zerrissenen Regenschirm und sendet ab und zu kleine Geldsummen. Dank diesen konnte er sich wohl CAUCHYS „Cours d'Analyse", erster Band, anschaffen, welcher die algebraische Analyse enthält. Er bildete jetzt seine Unterhaltung in den einsamen Wachtstunden beim Frederikstollen und an den freien Tagen in der Stadt.

Ob er gleich von Anfang an, als er mit seinen mathematischen Studien begann, an die Universitätslaufbahn dachte, weiß ich nicht. Auf jeden Fall war die Lage zur Zeit, als er anfing, nicht günstig. Die Universität hatte gerade in BROCH einen dritten Mathematiker erhalten, wofür HANSTEEN so lange gekämpft hatte, um seine unverhältnismäßige Überbürdung als Professor der Astronomie und der angewandten Mathematik zu erleichtern. Doch war HANSTEENS Anstrengung nicht ganz geglückt, denn die Stellung war nicht als dauernde eingerichtet. BROCH war mit der Verpflichtung angestellt, den Posten des zuerst abgehenden der zwei älteren Mathematiker, HANSTEEN oder HOLMBOE, zu übernehmen.

Nun trat aber eine Komplizierung der Lage ein. HOLMBOE starb am 18. März 1850, und gleichzeitig war BROCH schwer krank. Er war ein Jahr vom Dienst befreit für einen Aufenthalt in Madeira, und man hielt seinen Zustand für ernst. Unter diesen Umständen schrieb BJERKNES einen Brief an HANSTEEN. Der Brief konnte nicht aufgefunden werden, aber aus HANSTEENS Antwort vom

24. Mai kann man auf seinen Inhalt schließen. Diese Antwort, in HANSTEENS charakteristischem Stil geschrieben, der gleichzeitig entgegenkommend und vorsichtig war, gibt ein klares Bild von der komplizierten Lage und lautet in seiner Gänze:

,,Christiania-Observatorium, den 24. Mai 1850.
S. W. Herrn Bergkandidat BJERKNES.

Es tut mir leid, daß ich nicht imstande war, Ihren Brief vom 15. April gleich zu beantworten. Der Almanach und der Volkskalender fürs nächste Jahr mußten ausgestattet werden und so viele Anfragen beantwortet und Erklärungen abgegeben werden, daß ich erst jetzt, obwohl mitten im Bergexamen, daran denken kann, es zu tun.

Ich kann nicht daran zweifeln, daß Sie mit dem ausgezeichneten Zeugnis, das HOLMBOE Ihnen ausgestellt hat[1], ein Stipendium erhalten können. Im Augenblick ist ja starker Bedarf für einen Lehrer in der reinen Mathematik. BROCH ist abwesend; im August soll er zurückkommen; aber niemand weiß in welchem Zustand. Er ist außerdem jetzt für angewandte Mathematik angestellt; ob er sich dareinfinden wird, HOLMBOES Stelle anzunehmen, weiß niemand. Es hat nämlich folgende Bewandtnis damit: Als der verstorbene HOLMBOE und ich beim vorigen Storthing den Antrag einbrachten, daß ein dritter Lehrer für Mathematik an der Universität angestellt werden möge, erhielt der Antrag im Storthing die Wendung, daß man sich damit einen Nachfolger für einen der vorhandenen sichern wollte, besonders, weil ich schon über sechzig Jahre war. Die Folge hiervon war der Beschluß, daß ein dritter Mathematiker angestellt werden soll, der sich aber verpflichten muß, die Stelle des zuerst Abgehenden von uns beiden zu übernehmen. So hat das Akad. Kollegium beschlossen, daß die Stelle nicht als frei ausgeschrieben werden soll, wohingegen das Kultusministerium entgegengesetzter Meinung ist.

Wenn das Kultusministerium über den Storthingsbeschluß siegt, so weiß ich einen Mann, der sich melden wird, Leutnant

---

[1] HOLMBOE hatte 1848 BJERKNES ein Zeugnis ausgestellt, weil er an eine Lehrerstelle dachte, um die er sich aber dann nicht bewarb.

GEELMUYDEN von der Marine. Er ist ein sehr tüchtiger, theoretisch-praktischer Mann. Ob der Umstand, daß er nicht das Abitur hat, ihm ein Hindernis ist, weiß ich nicht. SCHEERER[1] war auch nicht Student. Ich zweifle nicht daran, daß Sie mit ihren jetzigen Kenntnissen den Posten zum größten Teil ausfüllen könnten und sich natürlich in einigen Jahren weiterentwickelt haben werden. Aber da Sie sich bis jetzt auf nichts anderes stützen können als auf Ihre Examenszeugnisse und die Empfehlung von HOLMBOE, so würde zur Zeit eine Anstellung vielleicht auf Schwierigkeiten stoßen.

Was nun das betrifft, den Sperling in der Hand fortzugeben, um vielleicht die Taube auf dem Dache zu fangen, so wage ich hierin keinen Rat zu geben. Mißglückt die Sache, so hätte der Ratgeber eine große Verantwortung auf dem Gewissen. Wie bei der Eheschließung, so muß auch hier der Betreffende sich mit Gott im Himmel, Verwandten, Freunden und seinem eigenen Herzen beraten, ob er sich entschließen kann, das Sichere fahren zu lassen und nach dem Ungewissen zu greifen. Aber hierin haben Sie mich ja auch nicht um Rat gebeten; was das Stipendium betrifft, so habe ich schon oben meine Meinung gesagt, und wenn Sie sich entschließen, sich darum zu bewerben, werde ich tun, was in meiner Macht steht und ich für recht halte.

Freundschaftlichst
Ihr
HANSTEEN."

Dieser Brief erweckte die besten Hoffnungen bei BJERKNES. Daß die „Wendung", die der Antrag um eine Lektorstelle im Storthing erfahren hatte, so schicksalschwer für ihn werden sollte, ahnte er nicht. In seinem Brief, den er gleich darauf an seine Mutter schreibt, erzählt er zuerst ausführlich von HANSTEENS Brief und fährt dann fort: „Ich habe geantwortet und gedankt und bei der Gelegenheit erklärt, daß ich sehr wahrscheinlich mein Glück versuchen werde, und daß ich zu der Zeit, wo ich mich um

---

[1] Ein Deutscher, der Professor für Metallurgie war.

ein Stipendium bewerben werde, hoffe, nicht unbedeutende Fortschritte gegenüber den jetzigen gemacht zu haben. Daher ist es von größter Bedeutung, daß ich, und zwar sogleich, die Bücher erhalte, die ich bei der Versteigerung von Holmboes Nachlaß zu kaufen bat. Ich habe bis jetzt keine erhalten und auch nichts darüber gehört, obwohl die Auktion sicher längst vorüber ist. Ich erwarte Nachricht mit der nächsten Post. Ist es auf diese Weise mißglückt, muß ich sie mir verschreiben, und zwar augenblicklich. Meine Zukunft hängt vielleicht davon ab, ob ich mir jetzt einige Kenntnisse erwerben kann. Man kann in kurzer Zeit viel schaffen, wenn man nur will..."

Die Bücher kamen, ich weiß nicht genau wie bald. Unter ihnen waren alle die Werke, die Holmboe ihm in seinem Brief empfohlen hatte. Von mehreren dieser Bücher wissen wir, daß Abel sie gekauft hat, als er 1826 in Paris war — eines trägt seinen Namenszug, den man unter seinem Bilde sieht[1]. Holmboe hatte einen Teil dieser Bücher übernommen, während Abel noch lebte, um ihm wirtschaftlich zu helfen, den Rest nach Abels Tod.

In diese klassischen Werke vertiefte sich Bjerknes, so gut Zeit und Kräfte es zuließen, im Sommer und Herbst 1850, mit einem doppelten Ziel vor Augen: sich für das nach Holmboe vakante Lektorat zu melden, falls es ausgeschrieben würde, oder sonst sich um ein Adjunktsstipendium zu bewerben. Er wußte auch, wer seine Konkurrenten für die Lektorstelle sein würden. Es waren zwei Leutnants, der von Hansteen genannte Geelmuyden von der Marine, später Kommandeur und Leiter von Carl Johans Kriegswerft, und Leutnant Grimsgaard, der spätere General.

Die in Aussicht stehende Konkurrenz zeigt, unter welchen Verhältnissen sich unsere Universität emporarbeiten mußte. Keiner der drei Konkurrenten war Wissenschaftler in dem Fach, um das es sich handelte, obwohl sie die höchste Ausbildung darin erhalten hatten, die das Land damals bieten konnte, nämlich entweder an

---

[1] Unter dem Titelbild in C. A. Bjerknes, Niels Henrik Abel. Deutsche Übersetzung bei Julius Springer 1930.

der Militärhochschule oder durch das bergwissenschaftliche Studium an der Universität.

Doch aus der Konkurrenz wurde nichts. BROCH kam in voller Arbeitskraft aus Madeira wieder. Durch kgl. Beschluß vom 10. August desselben Jahres wurde er zum Lektor in reiner Mathematik als Nachfolger von HOLMBOE ernannt, und das außerordentliche Lektorat in angewandter Mathematik wurde eingezogen. HANSTEEN stand wieder allein an der Universität als Repräsentant von zwei Wissenschaften, der Astronomie und der angewandten Mathematik. Die Universität nahm daher in ihrem Budgetvorschlag im Storthing von 1851 den Antrag auf Errichtung eines ordentlichen Lehrstuhls für angewandte Mathematik wieder auf, von HANSTEEN mit einer neuen dringenden Begründung versehen.

BJERKNES wird kaum betrübt gewesen sein, daß aus der Konkurrenz nichts wurde. Mit seiner Gewissenhaftigkeit und seiner Selbstkritik hat er sich sicher nicht für reif dafür gehalten, wenn er auch nicht an seinen Fähigkeiten zweifelte und gute Aussichten hatte, der Sieger zu werden. Aber in dem Gedanken an das Stipendium setzte er sein Studium mit dem größten Eifer fort, und in seiner Phantasie lebte er schon in Christiania. Im Oktober schreibt er an seine Mutter: „... Was macht Marie? Singt sie noch? Sie sollte so viel Klavier spielen lernen, daß sie ein kleines Lied begleiten kann.

Ich habe einen Plan, wenn etwas daraus wird, daß ich heimkomme. Ich möchte im Wohnzimmer Platz für ein Pianoforte schaffen. Ich setze voraus, daß Du es kaufst oder leihst und Marie so viel Unterricht verschaffst, daß sie etwas dazu singen kann. Ich will für eigenes Geld ein Ecksofa und einen runden Tisch anschaffen. Ein solches Möbel ist sehr gemütlich und brauchbar in Christiania. Man bekommt so eine treffliche Plauderecke, weil man sich zueinander wenden kann. Das Wohnzimmer wird dann so aussehen (folgt eine Skizze).

Ja, nun wird es schon werden. Ich hätte gern die Maße zwischen den Türen und Fenstern usw."

Am Ende desselben Monats sendet er sein Gesuch um ein Adjunktstipendium ein. Und je näher die Entscheidung Ende

Dezember rückt, desto größer wird sein Wunsch, nicht nur in die Hauptstadt zurückzukehren, sondern überhaupt von Kongsberg fortzukommen. Dort spielte sich ein ungewöhnliches Drama ab, ein Kampf zwischen einem Untergebenen, der sich nicht beugen ließ, und einer Direktion, die ihre Autorität sichern wollte. — Ein Vorspiel kann man sagen, zu den später folgenden heftigen und lange andauernden politischen Kämpfen zwischen Demokratie und Bürokratie in Norwegen.

SEXES energisches Vorgehen, um die Silberdiebstähle zu verhindern, hatte ihn in ein gespanntes Verhältnis, merkwürdigerweise nicht zu den Arbeitern, sondern zur Direktion gebracht. Eine Meinungsverschiedenheit kam zur anderen, am schärfsten in der Frage des Knies im Christiansstollen. SEXE meinte, es wäre ein Fehler begangen, der berichtigt werden müsse, ehe es zu spät wäre. Die Folgezeit hat ihm recht gegeben. Das Wasserrad, mit dem man das Knie begründete, ist, wie SEXE voraussah, nie angebracht worden, während man sich jetzt noch mit den Unzuträglichkeiten herumschleppt, die das Knie gebracht hat. Während diese Meinungsverschiedenheiten über das Knie im Stollen als die große Streitfrage im Hintergrund ruhte, brach der Streit ganz zufällig an einem anderen Punkte aus.

Die Ventilation oder die Wetterführung, wie es in der Bergmannssprache heißt, war in mehreren Gruben schlecht. Die Arbeiten hatten wegen „schlechter Wetter" eingestellt werden müssen. Kam man in solchen Zeiten weiter hinein in den Christiansstollen, so wollten weder Lampen noch Fackeln brennen, niemand konnte sich ungestraft weiter wagen. SEXE hatte sich mit Eifer der Sache angenommen. Durch Beseitigung alter Fehler gelang es, bessere Wetter zu erzielen. Dieser Fortschritt gab Anlaß zu einer Zeitungspolemik zwischen dem früheren Oberdirektor, Eidsvoldmann STEENSTRUP, und dem neuen Direktor BÖBERT. Während dieses Streites gab SEXE eine Erklärung ab, daß die betreffenden Gruben durch Anwendung von Mitteln, die STEENSTRUP angegeben hatte,

„von der Wetterkrankheit geheilt wurden". Nun griff BÖBERT SEXES Erklärung an und meinte, SEXE habe sich geirrt. Er schrieb sich selbst und einem Untergebenen das Verdienst zu. SEXE deutete BÖBERTS Angriff als eine Beschuldigung, daß er entweder seine Sache nicht verstehe oder eine falsche Erklärung abgegeben habe, und meldete im „Morgenbladet" den vollständigen Beweis für die Richtigkeit seiner Erklärung an.

Darauf reiste der Chef des Finanzministeriums selbst, Staatsrat BRETTEVILLE, nach Kongsberg, um sich über die Sache zu orientieren. Wie man aus dem darauffolgenden Vortrag im Ministerium sieht, hat er mündlich „SEXE darauf aufmerksam gemacht, daß er sich enthalten müßte, den Zeitungen Angriffe auf Mitglieder der Leitung zu übergeben, die deren Achtung und Vertrauen schwächen könnten, die sie notwendigerweise besitzen müßten, um die ihnen übertragene Arbeit ausführen zu können, und daß das Ministerium in dem Falle, daß es doch geschähe, je nach den Umständen beantragen müßte, daß der Angestellte, der sich so vergehe, aus dem Dienst des Werkes entlassen werde".

SEXES Antwort in der erregten Unterhaltung auf der Berghalde lautete: „Ich will lieber ein brotloser als ein ehrloser Mann sein." Er hielt daran fest, daß ein öffentlicher Angriff auch öffentlich beantwortet werden müßte. Am 8. November erschien SEXES Rechtfertigung, achtzehn Spalten lang mit einer ganzseitigen Karte der Grube im „Morgenbladet".

Das Ministerium ersucht darauf die Direktion des Silberbergwerkes, von SEXE eine Erklärung zu verlangen, ob er der Verfasser dieses mit seinem Namen unterzeichneten Aufsatzes ist oder ihn hat einrücken lassen. SEXE verweigert trotzig die Antwort und führt dabei an, daß seine Arbeit als Bergmeister wohl der Kontrolle der Silberwerksdirektion und dem Finanzministerium unterliegt, aber sein Vorgehen als Schriftsteller unter das Urteil der Gerichtsinstitutionen des Landes fiele.

Als die Sache so weit gekommen war, griffen die Angestellten des Silberwerkes ein. Bis auf einen, dessen Namen in den Akten nicht genannt ist, beteiligten sich daran alle beim Silberwerk angestellten „examinierten Bergleute", einschließlich der beiden Nachtsteiger H. C. CHRISTIE und C. A. BJERKNES. In vollem Bewußtsein des persönlichen Risikos, das sie dabei liefen, sendeten sie dem Finanzministerium ein Schreiben ein, worin sie, nach dem Protokoll im Ministerium, „beantragen, daß, ehe weitere Schritte gegen den Bergmeister unternommen werden, eine Untersuchung angestellt werden möge über den wirklichen Sachverhalt, und darüber, wie weit die vom Bergmeister gegen die Direktion gebrauchten harten Ausdrücke entschuldbar wären, indem sie hinzufügen, daß sie nach ihrer Kenntnis der Verhältnisse glauben annehmen zu müssen, daß der Bergmeister in der betreffenden Sache recht hat".

Aber das Ministerium findet, daß die Lage Handeln und nicht eine Untersuchung fordert. Es behält sich vor, später darauf zurückzukommen, was mit den jungen Bergleuten geschehen soll. Teils auf eine vorläufige Erklärung der Direktion gestützt, die eine eingehende Widerlegung für später verspricht, teils auf eine Mitteilung aus „zuverlässiger und unparteiischer Quelle", schlägt das Ministerium SEXES Kündigung aus dem Dienst des Silberbergwerkes vor. Diesem Vorschlag trat der Staatsrat bei, und sie wurde unter dem 10. Dezember durch königliche Resolution ausgesprochen.

Die Verabschiedung weckte außerordentliches Aufsehen, das in allen Presseorganen des Landes widerhallte. Diese Diskussion in der Presse, die durchweg Sympathie für SEXE zeigte, hielt vielleicht das Ministerium davon ab, so ernst gegen die untergeordneten Angestellten einzuschreiten, wie es seine Absicht gewesen sein mag. Aber einer von ihnen wurde indirekt ein Opfer der Lage. Das war BJERKNES.

Mit den besten, durch HANSTEENS Brief erweckten Hoffnungen hatte er am 26. Oktober sein Gesuch um ein Adjunktsstipendium abgeschickt. Aber am 18. Dezember, am Tage, ehe die Sache in der Fakultät zur Sprache kommen sollte, legte O. J. BROCH als Bevollmächtigter das Gesuch des abgesetzten Bergmeisters SEXE um ein Stipendium in angewandter Mathematik vor. Die Fakultätsberichte melden nichts über den Verlauf der Verhandlungen. Aber die darauffolgende Pressepolemik zeigt, wie die Sache gewesen ist. BROCH hat alle Energie eingesetzt, um SEXES Kandidatur durchzubringen. Aber er hat in KEILHAU einen unbeugsamen Gegner gefunden, der diesen plötzlich in Kongsberg entdeckten Mathematiker ironisiert hat. Wie HANSTEEN sich dazu gestellt hat, wissen wir nicht. Das Resultat war selbstverständlich, daß keiner der zwei konkurrierenden Mathematiker etwas erreichte. SEXE stand an erster, BJERKNES an letzter Stelle auf der Liste derer, die für ein Stipendium empfohlen wurden, aber keins erhielten.

Aber BROCH gab damit nicht den Gedanken auf, SEXE als Mathematiker an die Universität zu bringen. Ohne sich auf den Streit am Silberbergwerk einzulassen, spricht er sich in einem Aufsatz im „Morgenbladet" vom 12. Februar 1851 folgendermaßen über SEXE aus: „Könnte seine Verabschiedung aus dem Dienst des Silberwerkes zur Folge haben, daß er für die Universität gewonnen werden kann, so würde ich das für einen besonderen Glücksfall für die mathematischen Wissenschaften halten. Ich glaube selbst etwas in der mathematischen Wissenschaft ausgerichtet zu haben und mich auf einen nicht ganz niedrigen Platz emporgearbeitet zu haben; aber ich bin überzeugt, daß SEXE jetzt auf einer viel höheren Stufe stehen würde, wenn er wie ich sich ganz dieser Wissenschaft hätte opfern können."

Was ein solcher Ausspruch bedeutete, versteht man am besten, wenn man bedenkt, daß BROCH damals in Norwegen recht allgemein als ein Seitenstück zu ABEL aufgefaßt wurde. Doch wurde SEXE nicht noch einmal BJERKNES' Mitbewerber um ein Stipendium. Das Storthing bewilligte ihm nämlich — gegen vierzehn Stimmen — sein ganzes Gehalt als Wartegeld. Aber er blieb sicher lange Zeit hindurch BROCHS Kandidat für die Lektorstelle in angewandter Mathematik, sobald diese errichtet würde.

Für BJERKNES war die Zeit der schönen Hoffnungen vorbei. Er mußte seine einförmige Arbeit als Nachtsteiger fortsetzen, und zwar nicht unter angenehmen Verhältnissen. Es wurde zwar nichts aus der Drohung des Ministeriums, gegen die jüngeren Bergkandidaten einzuschreiten. Die energische Stellung des Komitees in SEXES Sache und die demonstrative Bewilligung des vollen Gehaltes als Wartegeld ermunterte die Direktion des Silberbergwerkes und das Ministerium nicht zu weiterem Eingreifen.

Aber es war nicht angenehm, unter einer Direktion Dienst zu tun, zu der man in ein solches Verhältnis geraten war. Die Pressediskussion über das Silberbergwerk wurde mit großem Kraftaufwand fortgesetzt, in Kongsberg offenbar unter ungünstigen Bedingungen für die Untergebenen, denn ,,Kongsbergs Adresseavis'', die einzige Zeitung der Stadt, scheint ganz auf der Seite der Direktion gestanden zu haben. BJERKNES' Stimmung ein halbes Jahr später geht klar aus einem Brief vom 11. März 1851 hervor, dem letzten, der aus der Kongsberger Zeit aufbewahrt ist. Es heißt dort: ,,... Ich empfing heute ganz unerwartet die 15 Sp.-T., die Du mir schickst. Ich danke natürlich vielmals und hoffe, sie in Gesundheit zu verbrauchen. — Ich muß bald dem Schneider und Buchhändler einige Zahlungen leisten, so daß ich annehme, daß ich sie nützlich anwenden werde. Im übrigen habe ich nicht vor, Kongsberg mit meinen Kapitalien zu beglücken, denn Kongsberg ist — mit Respekt zu sagen — eine Lumpenstadt und nicht einmal wert, daß man in ihr Schulden macht...

Hier ist es wie immer gerade wie in einer Lumpenstadt, wo man nichts ohne Schelten, Streiten und Lügen erhält, sowohl innerhalb wie außerhalb der Zeitungen. Deshalb sehnen sich alle danach, fortzukommen, wenn nur eine Gelegenheit wäre, und ich wünschte deshalb, ich säße wohlverstaut in Christiania. — Da ich weiß, daß SEXE an die Universitätslaufbahn denkt, ist es für mich eigentlich unsinnig, mich noch um ein Stipendium zu bewerben. Es eilt jetzt auch nicht so mit meinem Studium wie vorher, und ich würde deshalb gern versuchen, an einer Schule angestellt zu werden. Ich habe jetzt kein Bedenken mehr, mich für längere Zeit zu binden, und ich sehe wirklich weder Lektorate noch Bergmeisterstellen, so weit mein Auge reicht. Dagegen sehe ich ganz genau, daß ich von mitgebrachtem Proviant lebe und auf einer Pritsche schlafe, und erblicke ich in der Ferne einmal etwas mehr, so ist es höchstens eine Schulmeisterbrille und eine Schar ungezogener Kinder..."

Daß beide Nachtsteiger sich wirklich von Kongsberg fortwünschten, zeigte sich noch im selben Sommer, als eine Assistentenstelle für Metallurgie an der Universität ausgeschrieben wurde. Beide sandten ein Gesuch darum ein. Professor MÜNSTER ist in seinem Bericht sehr im Zweifel, wen von den beiden, die genau dieselbe Laufbahn haben, er wählen soll: „Sie sind im Herbst desselben Jahres beim Kongsberger Silberbergwerk als Nachtsteiger angestellt worden, beide kenne ich als tüchtige und gewissenhafte Männer, die die trivialen Verrichtungen, die mit ihrem jetzigen Posten verbunden sind, mit großem Diensteifer ausgeführt haben." Schließlich fällt seine Wahl auf CHRISTIE, weil dieser das „zweite Examen" mit Auszeichnung bestanden hat (er hatte bessere Noten in den alten Sprachen) und weil er in seinem Gesuch angeführt hat, daß es sein Wunsch sei, sich weiter als Chemiker und Metallurg auszubilden, während BJERKNES sich nicht über seine Zukunftspläne ausgesprochen hat. So erhielt CHRISTIE die Stelle.

Aus der wenig erfreulichen Zeit, die BJERKNES nun durchlebte, kenne ich nur eine Erinnerung, von der er erzählt hat. Das war die totale Sonnenfinsternis vom 28. Juli 1851. Um das Schauspiel anzusehen, hatte er mit einer Anzahl anderer junger Bergleute Jonsknuten bestiegen. Von einem Punkt mit weiter Aussicht über ein Gebirgsland bekommt man einen ganz anders überwältigenden Eindruck als von den gewöhnlichen Beobachtungsstellen. Ich setze seine Beschreibung hierher, weil sie sich von allen anderen, die ich gelesen habe, unterscheidet: „Es kam ein mächtiger Schatten von Westen und nahm einen Berg nach dem andern fort; dann ging er über uns fort, und es verschwand der eine Berg nach dem anderen im Osten. Nach einer Weile leuchtete plötzlich ein Berg im Westen auf, dann noch einer und noch einer, und die Berge erschienen auf dieselbe Art wieder, wie sie verschwunden waren."

Um seine schlechten Finanzen zu verbessern und möglicherweise später feste Anstellung an der Schule zu bekommen, nahm er im Herbst 1851 eine Stellung als Stundenlehrer in Mathematik und Naturgeschichte an Kongsbergs Mittel- und Realschule an. Die Schularbeit war auf die Tage gelegt, wo er als Nachtsteiger frei war, was sehr seine freie Zeit für sein Studium beschränkte. Er setzte es aber doch fort, soweit die Kräfte reichten, und schickte im November 1851 sein zweites Gesuch um ein Adjunktsstipendium für reine Mathematik ein. Aus der Form des Gesuches sieht man, wie groß sein Wunsch war.

Doch das Resultat war dasselbe wie im Jahre vorher, zweifellos aus demselben Grunde. SEXE suchte zwar nicht selbst an. Aber er war sicher noch immer BROCHS Kandidat für die einzige Stelle, zu der das Stipendium führen konnte, für das Lektorat in angewandter Mathematik, das die Universität ständig beim Storthing beantragte.

Nun sollte es aber BJERKNES gelingen, auf andere Art die Aufmerksamkeit auf sich zu lenken. Vor kurzem war die Goldmedaille des Kronprinzen gestiftet. Sie sollte zum Selbststudium ermuntern und war ein Glied in der Kette der Anstrengungen, die gemacht wurden, um das wissenschaftliche Unterholz aufwachsen zu lassen, ohne das keine Universität gedeihen kann. Die Preisaufgaben jener Zeit lassen sich am besten vergleichen mit den Arbeiten in den Hauptfächern zum Lehrerexamen unserer Zeit. Die Ansprüche konnten nicht sehr hohe sein, am wenigsten in einem Fach wie die Mathematik, in dem es kein geordnetes Universitätsstudium gab. 1851 wurde die erste Preisaufgabe in Mathematik gestellt: „Die Eigenschaften der trigonometrischen Linien abzuleiten aus den Reihen, in die sie entwickelt werden können." Es war ein Thema, das die großen Klassiker so gut durchgearbeitet hatten, daß nicht viel Neues herauskommen konnte. Die Arbeit an der Beantwortung dieser Preisaufgabe beschäftigte BJERKNES im Winter 1851—52 in der freien Zeit, welche ihm die Nachtsteiger- und Stundenlehrerarbeit ließ. Am 15. September wurde ihm der Preis zuerkannt. Professor STÖRMER hat mir mitgeteilt, daß die

Arbeit kein besonders gutes Zeugnis erhalten hätte, wenn sie jetzt als Hauptfachaufgabe im Lehrerexamen eingeliefert wäre. Es charakterisiert die damaligen Verhältnisse an unserer Universität, daß sie genügend befunden wurde. Der mathematische Autodidakt aus Kongsberg hatte seine Studien nicht vergebens betrieben.

BJERKNES freute sich besonders über die Auszeichnung, weil sie ihm eine ganz andere Stellung als Stipendiumbewerber gab. Sie mußte damals in die Augen fallen, weil die Medaille noch neu und nur einmal vorher ausgeteilt war. Aber wieder hatte er sich zu früh gefreut. Diesmal bekam er in seinem abgelegenen Kongsberg keine Bekanntmachung über die Verteilung von Adjunktsstipendien zu Gesicht. Deshalb schickte er kein Gesuch ein, und wieder ging ein wertvolles Jahr verloren.

Immerhin wurde dies Jahr wenigstens sein letztes als Nachtsteiger. Vom Rektor der Schule, GRAFF, war ihm über seine Wirksamkeit als Stundenlehrer das Zeugnis ausgestellt, daß er ,,die Obliegenheiten seines Amtes mit Ordnung, Genauigkeit und Tüchtigkeit ausgeführt habe und dadurch und durch seine gründlichen Kenntnisse in der Mathematik erreicht habe, daß seine Schüler in diesem Fach besonders gute Fortschritte gemacht haben". Es wurde ihm eine volle Lehrerstelle angeboten. In dieser Zeit, vor der Einrichtung des Lehrerexamens, mußte sich auch die Schule ihre Leute suchen, wo sie sie am besten finden konnte, auch unter den Bergleuten. Nachdem ihm öffentliche Anstellung in dem neuen Adjunktsposten zugesichert war, gab er seinen Rückhalt im Bergfach auf und bat um seinen Abschied aus den Diensten des Silberbergwerkes ab 31. Dezember 1852.

Vielleicht interessiert das Zeugnis, das er für seine Tätigkeit als Nachtsteiger von seinem alten Vorgesetzten SEXE erhielt. Es ist inhaltreich in seiner kurzen originellen Form:

,,In der Zeit, in der ich Bergmeister am Silberwerk in Kongsberg war, fungierte Herr Bergkandidat BJERKNES einige Jahre als Aufsichtsbeamter an der Königs- und der Armengrube, und obwohl sein Studium nicht für eine solche Tätigkeit berechnet war, führte er sie doch so aus, daß ich nicht weiß, wie man es anders verlangen sollte."

Für BJERKNES hatte es viel gekostet, seine Nachtsteigerarbeit so und nicht anders auszuführen. Sie ging unter ständigem wirtschaftlichen Druck vor sich und war alles andere als gesund auch für stärkere Konstitutionen. Den Kaffeekessel, der abends auf den Ofen gesetzt wurde, wenn er seine Nachtwachen halten mußte, trank er im Lauf der Nacht aus, wie er erzählte. Wenn dazu die geistige Anstrengung beim mathematischen Studium kam und im letzten Jahr die Schularbeit an den früheren Ruhetagen, so kann man sich nicht darüber wundern, daß dies an seinen Kräften zehrte. Ich habe ihn einmal an einer Diskussion mit ehrbaren Bürgern teilnehmen hören über die Gründe, die die Leute zum Trunk verführen. Er sagte da, mit Hinblick auf seine Erfahrungen aus seiner Nachtsteigerzeit: ,,Ich kenne zwei Ursachen, die so stark wirken, daß es nicht jedem gegeben ist, ihnen zu widerstehen: Unterernährung und geistige Überanstrengung."

Seit dem Jahre 1853 hatte er nun eine volle Lehrerstelle. Wenn sie ihm auch nicht viel Zeit zum mathematischen Studium ließ, so gab sie ihm doch ein harmonischeres Leben, als das war, das hinter ihm lag. Aus seiner Adjunktszeit stammt der erste Artikel aus seiner Hand, der gedruckt wurde. Es war ein Aufsatz mit darauffolgender Antwort in ,,Kongsbergs Adresse", veranlaßt durch die Art, wie die Einschätzungskommission in Kongsberg BROCHS Steuertabellen angewendet hatte. Während seine Briefe immer einfach und natürlich geschrieben sind, sind diese Artikel und zum Teil auch seine Stipendiumsgesuche durch den Fleiß, den er darauf verwendet hat, schwer lesbar. Er war nicht in jeder Hinsicht dazu geeignet, sein eigener Lehrer zu sein. Wäre er zur rechten Zeit darauf aufmerksam gemacht worden, daß gar zu intensive Detailarbeit den Überblick und den Zusammenhang erschwert, so würde ihm vieles in seinem späteren Leben leichter geworden sein.

Im allgemeinen war aber die Lehrerzeit lichter als die Bergmannszeit. Die Stellung war unabhängiger, und er hatte sich nach und nach durch sein lebhaftes und unterhaltendes Wesen eine gute

Position in der Bergwerksstadt erworben und war in vielen Häusern ein lieber Gast. Aber neben seinem einfachen und ungezwungenen Wesen gegenüber allen, mit denen er auf gleicher Stufe stand, hatte er eine ganz unnatürliche Zurückhaltung gegenüber Vorgesetzten und eine Scheu, sich jemandem zu nähern, der ihm in seiner Laufbahn behilflich sein konnte. Dies entsprang in Wirklichkeit nicht einer Unterschätzung des eigenen Wertes. Es war eher eine Form stolzen Selbstbewußtseins, ein Seitenstück, wenn auch in ganz anderer Weise, zu SEXES Schroffheit gegen seine Vorgesetzten. Diese Art von Bescheidenheit oder Schroffheit, wie man es nun nennen will, hat sicher dazu beigetragen, daß sein Weg zum Ziel so lang wurde. Die sich für ihn interessierten, sahen es frühzeitig ein. So weiß ich, daß der bekannte Mediziner, frühere Bergwerksarzt in Kongsberg, spätere Professor WILHELM BOECK von ihm gesagt hat: „BJERKNES ist ein sehr tüchtiger Mann. Aber er ist allzu bescheiden. Er muß lernen, sich mehr in den Vordergrund zu stellen."

Am 27. November 1853 schickte BJERKNES zum letzten Male wieder sein Gesuch um ein Adjunktsstipendium ein. Diesmal wurde es bewilligt. Am 10. März 1854 bat er um Verabschiedung aus seiner Lehrerstellung und trat mit Ende des Schuljahres aus. Daß er diesmal Erfolg hatte, lag zum Teil an seiner preisgekrönten Arbeit, zum Teil daran, daß BROCHS Hoffnung auf SEXE zu schwinden begann. Für BJERKNES war es hohe Zeit. Er ging in sein neunundzwanzigstes Lebensjahr. Noch war er nicht über das Studium der Lehrbücher hinausgekommen, wenn sie auch von CAUCHY waren und wenn er sie sich auch mit dem Ernst aneignete, den LAGRANGE forderte. Noch war er mit keinem Mathematiker von Bedeutung in Berührung gekommen. Noch hatte er, von seiner abgelegenen Ecke in Kongsberg aus, keine Gelegenheit gehabt, die Arbeit an der wissenschaftlichen Arbeitsfront der Zeit zu sehen. Leicht hätte es zu spät für ihn werden können, wie es zu spät für SEXE geworden war — ein Mann, der vielleicht glücklicher geworden wäre, wenn er, wie der Arbeiter im Pochwerk, niemals eine Gelegenheit gehabt hätte.

Diese drei Schicksale, des Arbeiters, SEXES und BJERKNES', unterstreichen den ungeheuren Kräfteverlust, mit dem unser Kulturleben arbeitet. Die Biographie des Arbeiters aus dem Pochwerk wird nie geschrieben werden. SEXES Leben kennen wir. Er setzte alle Kräfte ein, kam aber zu spät zum Schaffen, als daß er das für sein Land werden konnte, wozu er geboren war. BJERKNES werden wir weiter folgen. Er war noch am Anfang des langen Weges, der fast seine ganze Kraft verbraucht hätte, ehe er mit seiner Lebensarbeit beginnen konnte.

Adjunktsstipendiat an der Universität.
1854—55.

Es dauert Generationen, bis eine Universität vollständig aufgebaut ist, selbst unter günstigeren Umständen als bei uns. Was es hieß, sie in unserer isolierten Lage nach der Abtrennung von Dänemark auf ein wissenschaftliches Niveau zu bringen, wo keine Tradition und kein selbstverständlicher Maßstab vorhanden waren, davon kann man sich nicht leicht eine Vorstellung machen.

Die Gründung unserer Universität war eine glanzvolle Tat. Aber in einer Weise war sie leicht gewesen. Die Stimmung dafür war vorhanden, und die Lehrer konnte man sich von Kopenhagens mehr als dreihundert Jahre alter Universität holen. Aber dann sollte sie auf eigenen Füßen stehen. Nur halb ausgebaut, sollte sie den nächstliegenden Anforderungen des neuen Landes genügen und daneben ihre schwierigste und verantwortungsvollste Aufgabe erfüllen, ihre eigene Zukunft dadurch zu sichern, daß sie ihre eigenen zukünftigen Lehrer ausbildete.

Die Zeiten waren schwer. Das beengt den Blick. Die wirtschaftliche und gesellschaftliche Stellung, die unsere ersten Professoren einnahmen, ging verloren und ist seitdem nie wieder erreicht worden. Das Universitätslehrergehalt wurde niedriger, weil alle neuen Stellungen als Lektorate errichtet wurden, so daß verhältnismäßig wenige von den zuerst relativ hoch bezahlten Professoraten vorhanden waren.

Der Kleinmut in den zwanziger Jahren besiegelte ABELS Schicksal. Und wie schwierig es lange Zeit war, bei den Mächtigen im Staate selbst für sehr berechtigte Ansprüche Gehör zu finden, zeigt nicht zum wenigsten der dreißigjährige Kampf, von 1833 bis 1863, der um die Lektorstelle in angewandter Mathematik geführt wurde. Sie sollte HANSTEEN entlasten, der neben seiner ursprünglichen Anstellung in diesem Fache noch ein Professorat zu versehen hatte, nämlich das in Astronomie. Seine schon früher erwähnte, nicht ohne Bitterkeit geschriebene Eingabe an die Fakultät von 1850 ist in diesem Zusammenhange ein interessantes universitätsgeschichtliches Dokument.

Es war nicht zu verwundern, daß sich immer wieder Schwierigkeiten zeigten, wenn freie Stellen besetzt werden sollten. 1850 schrieb die Philosophische Fakultät, die damals noch beide späteren Spezialfakultäten umfaßte, in einer Denkschrift über die Bedingungen, unter denen Lektoren zu Professoren avancieren konnten: „. . . Die Fakultät braucht kaum an die bei uns bei der Freiwerdung von Universitätsstellen gemachten Erfahrungen zu erinnern, wie wenig Nachfrage nach ihnen besteht. Bei keiner Stellenbesetzung an der Universität hat bis jetzt eine wirkliche Konkurrenz stattgefunden, und namentlich die Philosophische Fakultät hat wiederholt ihre Stellen längere Zeit hindurch nicht besetzen können aus Mangel an Bewerbern, und dies wird wohl auch in Zukunft so bleiben." Es wird hervorgehoben, daß die Lage eines Universitätslehrers nicht so glänzend ist, daß sie an und für sich Talent und Tüchtigkeit verlocken können, zur Universität zu streben, oder später dort zu verbleiben, wenn nicht besondere Berufung und Lust jemanden dorthin führen. Ja, es kommen so pessimistische Äußerungen vor wie: „Unter unseren Verhältnissen, wo man selten oder nie erwarten kann, daß wirkliche Wissenschaftler die Universitätsstellen ausfüllen".

Diese hier angeführten, niederdrückenden Erfahrungen hatten den Gedanken an Stipendien aufgebracht, „zur Unterstützung von sich auszeichnenden Studenten, besonders von solchen, die begründete Hoffnung erweckten, daß sie bei weiterem Studium brauchbare Universitätslehrer werden würden".

Das Storthing von 1839 hatte zum erstenmal solche „Adjunktsstipendien" bewilligt, und 1841 waren sie zum erstenmal verteilt.

Wenn man nur selten oder nie erwarten konnte, für die Lektorstellungen, die sich nur in Namen und Gehalt von den Professuren unterschieden, „wirkliche Wissenschaftler" zu finden, so konnte man erst recht die Bedingungen zur Erlangung eines Stipendiums nicht sehr hoch stellen. Das Entscheidende waren die Examenszeugnisse und der Eindruck, den die Lehrer von dem Betreffenden persönlich oder von dem Ernst seines Studiums hatten. Die Stipendien wurden in der Regel an „fortgeschrittene Studierende" ausgegeben, doch konnten sie, wenn eine freiwerdende Stellung direkt in Sicht war, auch in genauer umschriebener Form gegeben werden. Z. B. (1850) „an Cand. mineral. EMIL MÜNSTER 300 Sp.-T. jährlich, um sich durch praktische Übungen am Metallurgischen Laboratorium darauf vorzubereiten, an der Konkurrenz um den Lehrstuhl für Metallurgie teilzunehmen". Bei solchen Gelegenheiten fand die Konkurrenz in älterer Zeit nur mit dem Betreffenden selbst statt, indem er durch Probevorlesungen seine Kenntnisse und seine Fähigkeiten als Lehrer zeigen mußte — „Proben, nach denen man wenig urteilen kann", sagt Professor FAYE in einem Sonderbericht in Sachen der Lektorenbeförderung.

Man kann sich versucht fühlen, sich darüber zu wundern, daß es unter solchen Umständen doch gelang, nach und nach eine Fakultät aufzubauen, die im ganzen durchaus ehrenvoll bestehen konnte. Die Sache ist wohl die, daß die Beurteilung nach dem persönlichen Eindruck, auf die man damals angewiesen war, neben ihren Mängeln doch wesentliche Vorzüge besitzt gegenüber der mechanischen Wägung vorgelegter Abhandlungen, die jetzt den Ausschlag gibt. Und wenn es schließlich doch so gut vorwärts ging, so verdanken wir das sicher nicht zum wenigsten der Tatsache, daß unser Kultusministerium gerade in jener Zeit von einer sicheren und kräftigen Hand geleitet wurde wie nie vorher und nachher, von Staatsrat RIDDERVOLD, der durch vierundzwanzig Jahre, von 1848—1872, sich in jede einzelne Sache selbst vertiefte und sie persönlich erledigte. Unser Land steht tiefer in der Schuld dieses Mannes, als wir ahnen.

Zu der Zeit, als BJERKNES sein Stipendium erhielt, in der Mitte der fünfziger Jahre, lagen noch keine großen Erfahrungen mit der Einrichtung des Adjunktsstipendiums vor. Für die Universität war sie eine Notwendigkeit geworden, wenn man überhaupt ein gewisses Niveau für die Besetzung der Universitätsstellen aufstellen und festhalten wollte. Daneben wurden die älteren Stipendiaten immer wertvollere Hilfslehrer. Aber für die Stipendiaten selbst, die aus „innerer Lust und Berufung" die Universitätslaufbahn gehen wollten, mußte die Stipendiatseinrichtung ein zweischneidiges Schwert sein: Die Laufbahn des Universitätsstipendiaten betreten, hieß, Lotterie spielen, mit seiner ganzen Zukunft als Einsatz. Der Fortbestand der Universität verlangt dieses Opfer von dem, der sich der Wissenschaft weihen will. Das sind die Lebensbedingungen der Wissenschaft in einem kleinen Land.

Diese Laufbahn betrat BJERKNES in seinem neunundzwanzigsten Lebensjahr. Sicher hat er das Risiko dieses Schrittes, besonders für ihn, den ganz Unbemittelten, voll verstanden. Wenn nicht von anderen, so war er doch vier Jahre vorher von HANSTEEN gewarnt worden, vor der Gefahr, „das Sichere aufzugeben, um nach dem Unsicheren zu greifen". Ehe er noch sein Stipendium antrat, rückte auch seine einzige nähere Hoffnung, die Lektorstelle in angewandter Mathematik, wieder in unbestimmte Ferne. Das Storthing lehnte die Bewilligung 1854 ebenso ab wie 1851. Von einer neuen Behandlung der Sache konnte nicht vor 1857 die Rede sein.

Indessen war er jetzt am nächsten Ziel seiner Wünsche. Im Sommer 1854 übersiedelte er nach Christiania, wo er seine Studien unter günstigeren Bedingungen fortsetzen konnte. Er konnte in der Universitätsbibliothek die Literatur kennenlernen, und er zog Vorteil aus dem frischen Leben, das um das neu eingerichtete mathematisch-naturwissenschaftliche Lehrerexamen herum entsproßte.

Auch in anderer Hinsicht wurde sein Umzug nach Christiania bedeutungsvoll für ihn. Der Umgangskreis der kleinen Familie hatte einen wertvollen Zuwachs erhalten. Seine Mutter hatte eine nahe Freundin gewonnen in der Witwe des verstorbenen Professors HOLMBOE, einer tüchtigen und bedeutenden Frau, die eine ähnliche Aufgabe wie die Witwe des Korpstierarztes zu bewältigen hatte, nämlich das Haus zu verwalten, das ihr Mann ihr hinterlassen hatte, und eine zahlreiche Familie aufzuziehen. Bei dieser Familie befand sich das meiste, was an persönlicher Überlieferung über ABEL aufbewahrt war, und seine schriftlichen Hinterlassenschaften, soweit sie nicht bei dem Brande kurz nach HOLMBOES Tode zerstört waren. BJERKNES hat sich frühzeitig gemerkt, was er in dieser Familie über unseren großen Mathematiker hörte, und immer mehr hat sich bei ihm die Überzeugung festgesetzt, daß ABEL ein ebenso feiner und liebenswürdiger Mensch wie großer Wissenschaftler war. Er wurde immer mehr von dem Gedanken ergriffen, daß das Bild des Menschen ABEL nicht verlorengehen dürfe.

Das Gehalt eines Anfängerstipendiaten betrug 200 Sp.-T. Dazu kam die Erlaubnis des Kollegiums, täglich zwei bis drei Stunden zu unterrichten. Diese Erlaubnis benutzte er, um etwas für die kommende Auslandsreise zurückzulegen. Die Zeit der reichlichen Reisestipendien war nämlich jetzt vorbei. Er nahm eine kleine Lehrerstelle an HOLCKS Schule an, die ein Seitenstück zu HELTBERGS bekannterer Studentenpresse war. Sie wurde viel von solchen besucht, die erst in späterem Alter den Studienweg einschlugen. Zu diesen reiferen Schülern gehörte u. a. der spätere Professor der Ägyptologie, LIEBLEIN. Ich habe von ihm gehört, daß BJERKNES in der Stunde sehr hitzig werden konnte. Neben der Schularbeit gab er auch einigen Privatunterricht in höherer Mathematik. Einer seiner Einpaukschüler war der damalige Student der Mineralogie, spätere Professor für Meteorologie, MOHN.

Von einer Aufzählung der durchgearbeiteten Bücher begleitet, sandte er am 30. November ein Gesuch um Erneuerung des Stipendiums für das folgende Jahr und eine Erhöhung desselben auf 250 Sp.-T. ein. Beides wurde bewilligt. Am 13. Februar 1855 sendete er darauf ein Gesuch an den König ein um ein Auslandsstipendium, denn damals erteilte diese der König und nicht die Universität. Er beantragte die Summe von 400 Sp.-T. für $1^1/_2$ bis 2 Jahre — er hat nicht gewagt sie niedriger anzusetzen, sagt er, im Hinblick auf die Bücher, die er unterwegs kaufen muß, um die Reise voll ausnutzen zu können, aber er hat auch nicht gewagt, mehr zu verlangen. Diesmal erhält er den ersten Platz unter den Bewerbern, und die Summe wird auf ganze 600 Sp.-T. hinaufgesetzt, ,,um während eines $1^1/_2-2$ jährigen Aufenthalts im Auslande die reine Mathematik zu studieren". Während der Auslandsreise sollte das Adjunktsstipendium fortfallen.

Wenn er die reine und nicht die angewandte Mathematik als sein Fach angibt, so stimmt dies einerseits mit der Richtung überein, die seine Interessen während seines Selbststudiums in Kongsberg genommen hatten. Und andererseits nahm man gern an, daß BROCH mit seinen praktisch eingestellten Interessen es vorziehen würde, zur angewandten Mathematik zurückzukehren, sobald ein Lehrstuhl in diesem Fach errichtet würde. Außerdem muß jedes Studium der angewandten Mathematik vor allen Dingen auf einer gründlichen Kenntnis der reinen aufgebaut werden.

Nach dem in seinem Gesuch vorgelegten Plan wollte er die Reise erst in ein bis zwei Jahren antreten, da er glaubte, sich erst durch gründlicheres Studium hier zu Hause darauf vorbereiten zu sollen. Bis jetzt hatte er ja nur kurze Zeit hindurch sich ganz dem Studium der Mathematik weihen können. Aber nach einiger Überlegung sandte er ein Gesuch ein, die Auslandsreise im Herbst 1855 antreten zu dürfen. Dies wurde bewilligt, und mit dem Ende des Jahres 1855 fiel also das Adjunktsstipendium fort.

Mit Auslandsstipendium.
1855—57.

Im September 1855 trat BJERKNES die Reise an, ausgerüstet mit einer lateinisch abgefaßten Empfehlung des akademischen Kollegiums und einem persönlichen Empfehlungsschreiben von Lektor BROCH an Professor LEJEUNE DIRICHLET in Berlin.

Er begann die Reise mit einem Abstecher nach Larvik, wo er eine Familie besuchte, die er aus seiner Bergmannszeit in Kongsberg kannte. Dann fuhr er am 4. September mit dem Westlandsboot nach Horten, um dort an Bord des Dampfschiffes zu gehen, das ins Ausland fuhr. Auf demselben Westlandsboot reiste eine achtzehnjährige Pfarrerstochter vom Westland in die Hauptstadt, wo sie einige Jahre bei Verwandten zubringen sollte, um ihre Aus-

Göttingen um 1850.

bildung dort zu vollenden, ebenso wie er die seinige im Ausland. Sie hatten nicht miteinander gesprochen, aber ihre Schicksale sollten später zusammengefügt werden.

Das Auslandsschiff fuhr an Jütlands Ostküste entlang. Es sind einige Aufzeichnungen vorhanden, überschrieben ,,An Bord'' und ,,An Jütlands Küste entlang'', die zeigen, daß er sich ganz den Reiseeindrücken hingegeben hat. Das Dampfboot ging nach Kiel, von wo er mit der Eisenbahn weiter nach Hamburg reiste. Dort hielt er sich vier Tage auf, bis er erfuhr, wo er LEJEUNE DIRICHLET jetzt suchen könne. Er erhielt sicheren Bescheid, daß

DIRICHLET den Ruf von Berlin nach Göttingen als Nachfolger des großen GAUSS angenommen habe. Am 11. reiste er mit der Eisenbahn nach Hannover, wo er übernachtete. Wahrscheinlich hat er hier Aufenthalt gemacht, um die vielen norwegischen Techniker zu begrüßen, die damals dort zu Studienzwecken weilten. Sein Studiengenosse und Kamerad als Nachtsteiger, CHRISTIE, war einer von ihnen. Am 12. reiste er nach Göttingen weiter, das zu jener Zeit der Endpunkt der Eisenbahn war. Wollte man weiter, so mußte man im Wagen fahren.

Nach einer Nacht im Hotel findet er eine billige, aber nach den späteren Beschreibungen nicht sehr ansprechende Studentenbude. Einige schlimme Erfahrungen, wie teuer es ist, auswärts zu speisen, veranlassen ihn, sich das nötige Hausgerät zu kaufen, um sich eine Junggesellenwirtschaft einzurichten. Nur das Mittagessen wird vom Dienstmädchen geholt. So pflegten sich sparsame Studenten in Göttingen einzurichten, und BJERKNES war von Kongsberg her gewohnt, „von mitgebrachtem Proviant zu leben und auf einer Pritsche zu schlafen". Zuletzt mußte er sich auch noch einen kleinen Ofen kaufen, denn er hatte nicht daran gedacht, nachzusehen, ob ein solcher vorhanden war, als er das billige Zimmer mietete.

Offenbar haben ihm von Anfang an die Verhältnisse weder imponiert noch zugesagt. Die preußische Disziplin, Ordnung und Reinlichkeit, die wir in den deutschen Städten bewundern gelernt haben, hatten nach seiner Beschreibung damals noch nicht ihren Einzug in der kleinen Universitätsstadt des Königreichs Hannover gehalten. Im übrigen brachte er die erste Zeit in Göttingen damit zu, täglich auf die Eisenbahnstation zu gehen und nach einem Koffer zu fragen, der alle seine Bücher enthielt. Ungeübt, wie er im Deutschen war, machte er vergebens Versuche, den Beamten zu verstehen oder sich ihm verständlich zu machen. Schließlich fing dieser plattdeutsch an in der Hoffnung, daß das besser ginge. In dieser Lage entdeckten ihn zufällig drei Landsleute und kamen ihm zu Hilfe. Es waren drei Chemiker, die unter WÖHLER studierten: HVOSLEF, STILLESEN und LANGE. Diese vier

Norweger schlossen sich eng aneinander. Sie hatten das gemeinsame Interesse, daß sie ihre Reisemittel soweit wie möglich strecken mußten. Besonders Hvoslef, der ganz aus eigener Tasche lebte, hatte es schwer. Er erzählte später oft von seiner Göttinger Zeit, ,,wo er sich nie richtig satt essen konnte". Bjerknes hat erzählt, daß Hvoslef und er eine Zeitlang regelmäßig aufs Land in ein billiges Wirtshaus gingen, wo jeder ein halbes Mittagessen aß.

Die Photographie, welche die vier studierenden Norweger zeigt, wurde aufgenommen, ehe sie sich im Sommer 1856 trennten. Es mag hinzugefügt werden, daß die zwei jüngsten vorn sitzen, während die beiden würdigsten, Bjerknes und Hvoslef, dahinter stehen, weil sie dies mit Rücksicht auf ihre mitgenommene Garderobe selbst wünschten.

Hvoslef Bjerknes
Lange Stillesen

Während unsere studierenden Landsleute so ihr Bestes taten, um ihre knappen Geldmittel zu strecken, bekamen sie von daheim alles andere als ermunternde Nachrichten darüber, wie sich die wirtschaftlichen Verhältnisse dort entwickelten. Es herrschte, besonders infolge des Aufblühens der Schiffahrt während des Krimkrieges, was man so gerne ,,gute Zeiten" oder ,,Blütezeiten" nennt, mit der dazugehörigen Teuerung und dem Druck auf alle, die von festem Gehalt lebten. Wer die Hochkonjunktur während und nach dem Weltkrieg erlebt hat, wird Zug für Zug die Lage wiedererkennen, wie sie sein Bruder in Christiania in einem Brief vom 18. Januar 1856 schildert:

,,... Du glaubst vielleicht, der ständige Gesprächsstoff wäre die Aussicht, ob wir Krieg bekommen? Nein, weit entfernt, darüber wird nur sehr wenig gesprochen — am meisten unterhält man sich über die außergewöhnliche Teuerung, die besonders im Lauf des Herbstes eine außerordentliche Höhe erreicht hat, besonders die Hausmieten sind schrecklich gestiegen; wir haben im Herbst erlebt, was bis dahin wohl unerhört war in Christiania, daß Leute sich nicht verheiraten konnten, weil sie keine Wohnung hatten. Dazu gehörte z. B. AXEL HOLST, der sich im Herbst mit einer deutschen Dame verheiraten wollte und die Hochzeit schon festgesetzt hatte, aber sie aus dem prosaischen Grunde verschieben mußte, daß er nicht imstande war, seiner zukünftigen Frau ein Dach über dem Kopfe zu verschaffen. Lektor STRECKER[1] war in Deutschland und holte sich von dort eine Frau, aber als er mit ihr heimkam, konnte er keine andere Wohnung für den Winter finden als in DÖDERLEINS Haus am Russelökvei, und das sieht wenig danach aus, als ob es für eine Winterwohnung paßt. Ja, ich kenne Beispiele, daß bei dem Tode eines Mieters sich an demselben Tage, an dem der Todesfall eintrat, schon Leute gemeldet haben mit dem Wunsche, die Wohnung zu mieten. Die Ursache dieser großen Wohnungsknappheit kann natürlich nur darin liegen, daß die Bevölkerung sehr zugenommen hat, und man ist daher sehr gespannt auf das Resultat der jetzt vor sich gehenden Volkszählung. Man glaubt auch allgemein, daß Christiania eine Bevölkerungszahl von 40000 Menschen erreicht hat. Der Preis für festes Eigentum ist jetzt auch sehr heraufgegangen, wir haben deshalb beschlossen, zu versuchen, ob wir den Hof verkaufen können ... Es gilt nämlich, die jetzige gute Zeit auszunützen, später würde man vielleicht lange nicht einen solchen Preis erhalten wie jetzt. Die jetzige gute Zeit, habe ich gesagt, ja für den freien Mittelstand und die große arbeitende Klasse ist es sicher eine gute Zeit, aber die Beamten und Festangestellten werden zu Boden gedrückt..."

Während sich das Erwerbsleben nach Perioden des Niedergangs rasch wieder erholt, sobald sich die Konjunktur wieder zu

---

[1] Der bekannte deutsche Chemiker, später wieder nach Deutschland zurückberufen.

seinen Gunsten wendet, hinterlassen die Teuerungswogen schonungslos tiefe Spuren an allen feineren Organen des Gesellschaftsorganismus mit ihrem langsameren Wachstum. Und zu den empfindlichsten, deren Lahmlegung die dauerndsten und weittragendsten Folgen hat, gehört die Universität. Indessen hatte man in jener Zeit im Gegensatz zu heute doch wenigstens noch Überreste einer Ordnung, die gegen solches Unglück sichert. Das Gehalt der älteren Professoren war nämlich noch teilweise in Tonnen Korn festgesetzt. Aber in menschlicher Kurzsichtigkeit begann man gerade damals, dieses prinzipiell richtige Lohnsystem zu verlassen und zum reinen Geldlohn überzugehen, der den Lohnempfänger der Teuerungszeit preisgibt. Wer damals mit einem Stipendium draußen war, hatte unter diesen Verhältnissen allen Grund, sich vorzusehen, daß er nicht mit gar zu großen Schulden nach Hause kam, die er von einem Stipendiatsgehalt oder im besten Fall von einem Anfangslektorengehalt abbezahlen mußte.

Schließlich kam BJERKNES' ersehnter Bücherkoffer an, er hatte siebzehn Tage für die Reise von Hamburg nach Göttingen gebraucht. Kurz nachdem diese Sorge behoben war, begannen die Vorlesungen und damit die Berührung mit Deutschen. Im Anfang verhielt sich BJERKNES ihnen gegenüber sehr zurückhaltend, wie es seine Art war. Aber als Ausländer fand er Beachtung, und mit ihrer bekannten Gastfreiheit begannen die deutschen Professoren, ihn einzuladen. Er wundert sich — wie alle Nordländer — über die deutsche Form der Abendgesellschaft: „Wenn man zu Abend gegessen hat, bleibt man am Eßtisch sitzen, auf demselben Stuhl bis in die Nacht hinein, und muß sich während der ganzen langen Zeit immer neben denselben Menschen langweilen." So war es aber nicht bei DIRICHLET. Er erzählt in demselben Brief von seiner Bekanntschaft mit ihm: „Als ich zum erstenmal bei Professor DIRICHLET Visite machte, lud er mich ein, ihn zu besuchen, aber DIRICHLET ist ein großer Mann, zu dem man nicht so ohne weiteres gehen kann, und ein einzelnes Wort muß man nicht so buchstäblich nehmen." Doch kam er allmählich trotz seiner Zurückhaltung in den Kreis hinein. DIRICHLET war nicht nur ein ausgezeichneter

Mathematiker, sondern auch eine feingebildete Persönlichkeit. Seine Frau war REBEKKA MENDELSSOHN, die Schwester des Komponisten MENDELSSOHN-BARTHOLDY. Sie war eine aristokratische, aber freundliche Dame, erzählt BJERKNES. DIRICHLET bildete den Mittelpunkt im Kreise der Mathematiker und Physiker der Universität, die an bestimmten Nachmittagen bei ihm zum Kaffee zusammentrafen. Besonders Göttingens Physiker, der berühmte WILHELM WEBER, war ein ständiger Gast. Dadurch kam BJERKNES dazu, auch in dessen Kreis zu verkehren, und lernte seine außerordentliche persönliche Liebenswürdigkeit schätzen, obwohl er nicht dazu kam, in seine Vorlesungen zu gehen oder sich sonst in Göttingen näher mit der Physik zu befassen, was er später bedauerte. Aber was er an Mathematik hörte und mit seiner allzu ungleichmäßigen Vorbildung verarbeiten sollte, belegte ihn vollkommen mit Beschlag.

Außer in die Kreise der Lehrer und der norwegischen Studenten wurde BJERKNES allmählich noch in einen dritten Kreis gezogen. Er bestand aus einer Gruppe jüngerer deutscher Wissenschaftler. Es begann mit einer Vorlesungsbekanntschaft mit Dr. ERNST SCHERING. Er hörte mit BJERKNES zusammen die höheren Vorlesungen, aber mit besseren Voraussetzungen als der Autodidakt aus Kongsberg. Besonders wertvoll war es für BJERKNES, nach RIEMANNS schweren Vorlesungen mit dem besser ausgerüsteten SCHERING die Schwierigkeiten zu diskutieren. Mit ihm und zwei nahen Freunden von ihm — einem Historiker und einem Zoologen — schloß BJERKNES warme Freundschaft, die erst der Tod auflöste. Während die beiden letztgenannten früh starben, nahm SCHERING später den Platz ein, den vor ihm GAUSS und DIRICHLET innehatten. Er stand bis zu seinem Tode in ständigem Briefwechsel mit BJERKNES[1]. Ein etwas ferner stehendes Mitglied desselben Kreises war u. a. der spätere bekannte Astronom KLINKERFUESS,

[1] Wenn wir soviel von BJERKNES' Leben in Göttingen wissen, so verdanken wir das nicht zum wenigsten einem Briefe, den er 1897 an die Witwe SCHERINGS schrieb. Frau SCHERING war Schwedin, geb. MALMSTEEN, Tochter des schwedischen Professors für Mathematik, späteren Staatsrates und Landespräsidenten MALMSTEEN.

der nicht zum wenigsten bekannt oder vielmehr berühmt als Humorist und Gesellschafter war.

Im übrigen verlief das Leben in Göttingen in regelmäßiger Arbeit ohne große Erlebnisse. Zur Erholung ging man ein oder mehrere Male um die Stadt herum auf den Wällen spazieren, außerhalb deren damals noch alles unbebaut war. Auf diesem Spaziergang kamen sie auch an einem jetzt wohlbekannten, damals noch unberühmten Haus vorbei, das BISMARCK wenige Schritte außerhalb der Stadtgrenze gemietet hatte, als ihm wegen seiner wilden Studentenstreiche verboten wurde, in der Stadt zu wohnen. Damals ahnte noch niemand, daß der wilde Korpsstudent zehn Jahre später Hannover unter Preußen bringen würde. Es wurden auch einzelne Ausflüge über Land gemacht. Zu Weihnachten und zur 17.-Mai-Feier kamen norwegische Studenten aus den verschiedensten Gegenden Deutschlands zu festlichen Zusammenkünften zu den Kameraden nach Hannover. Nicht wenige Norweger erhielten zu jener Zeit ihre Ausbildung in Deutschland, besonders als Ingenieure. Zur 17.-Mai-Feier in Hannover 1856 rechnete man auf etwa vierzig Teilnehmer, ob so viele kamen, weiß ich nicht.

Um schließlich BJERKNES' stolzeste gesellschaftliche Erinnerung an Göttingen nicht zu übergehen: Er wurde beim Rektor der Universität zum Ball eingeladen. Die vornehmsten Gäste waren zwei Prinzen von Hessen-Darmstadt. Da wurde zufällig BJERKNES' ,,altes, scheußliches" Exemplar eines Zylinders aus der Garderobe geholt, um beim Kotillon Dienste zu leisten. Und da alle Damen mit den Prinzen tanzen wollten, schmückte der Hut den Abend über hauptsächlich ihre Köpfe. Der so ausgezeichnete Zylinder hieß von da an selbstverständlich der ,,Prinzenhut", während er seinen Werktagshut zum Unterschied den ,,Republikaner" nannte.

Das Äußere der Göttinger Universität fand BJERKNES nicht besonders imponierend. Von WÖHLERS neugebautem chemischen Institut abgesehen, waren die Universitätsgebäude und Hörsäle nicht sehr verschieden von dem, was das alte Universitätsgebäude und die verstreuten Lokale in Christiania boten. Aber was *in* den Auditorien geboten und in den privaten Arbeitsräumen geleistet wurde, war etwas anderes. Die Männer und die Arbeit bestimmen den Wert einer Universität, nicht die Gebäude. Bauten zu errichten, ist verhältnismäßig leicht. Aber unter den von Situation zu Situation und von Zeitalter zu Zeitalter wechselnden Verhältnissen eine Kulturpolitik zu treiben — oder Verständnis für sie zu wecken —, die diese Männer emporbringt und das Milieu für sie schafft, war und ist die große Schwierigkeit, besonders in einem traditionslosen Neubauland wie das unsrige.

In ebenso bescheidenen Hörsälen wie bei uns daheim lernte BJERKNES zum erstenmal kennen, was eine mathematische Vorlesung ist oder sein kann.

Die Vorlesung ist als Unterrichtsform viel umstritten. Aber zu den Fächern, in denen sie nie verschwinden wird, gehört die Mathematik. Beim Selbststudium der Bücher trifft man unumgänglich die Schwierigkeiten, von denen LAGRANGE verlangt, daß man immer wieder zu ihnen zurückkehren müsse, wenn nötig zwanzigmal. Aber nur die wenigsten haben die nötige Willenskraft, und gar zu leicht kann sich so eine Unklarheit festsetzen. Dagegen hat die mündliche Unterweisung, vom richtigen Lehrer erteilt, eine Elastizität, die den Büchern fehlt.

Als mathematischer Lehrer war LEJEUNE DIRICHLET ganz einzig in seiner Art. Er war geborener Deutscher, hatte aber seine Ausbildung in Frankreich genossen. Daher verband er den Drang des Deutschen, in die Tiefe zu gehen, mit der feinen französischen Form. Bei seinem Tode fand man keine Aufzeichnungen von ihm. Es wird erzählt, daß er seine Arbeiten im Kopf ausarbeitete, bis er sie in ihrer klassisch vollendeten Form niederschrieb. Auf dieselbe Art arbeitete er seine Vorlesungen im Kopf aus, man sah ihn in Gedanken versunken von seiner Wohnung zum Vorlesungssaal gehen. In der Vorlesung kam dann alles wie neugeschaffen, aber in vollendeter Form heraus. Keine Feinheit, nicht die kleinste Nuance wurde vergessen, der Zuhörer, welcher sich ganz in die Sache vertiefen wollte, fand alles, was er suchte. Aber was BJERKnes nicht zum wenigsten bewunderte, es wurde in einer solchen Form gebracht, daß die mehr oberflächlichen Zuhörer auch nicht dadurch beschwert wurden. Es ging über ihre Köpfe hin, ohne daß sie merkten, daß sie etwas verloren.

Ein Hauptargument für Vorlesungen als Unterrichtsform besteht darin, daß sie auf den Gebieten, an deren Entwicklung

P. G. Lejeune-Dirichlet 1805—1859.

gerade gearbeitet wird, ganz auf der Höhe sein können, während Lehrbücher hinterher hinken, wenn sie überhaupt vorhanden sind. Die Vorlesungen der Jetztzeit sind die Lehrbücher der Zukunft. Das war auch der Fall bei Dirichlets Vorlesungen. Er las aus Gebieten, in denen er führend war und in denen seine Vorlesungen die Lehrbücher vorbereiteten, die später erschienen — einige derselben direkt nach den Aufzeichnungen seiner Zuhörer ausgearbeitet.

Diese Mustervorlesungen von DIRICHLET arbeitete BJERKNES mit größter Sorgfalt aus, teils im Semester, teils in den folgenden Ferien. Erst durch die Vertiefung in den Stoff bei der nachfolgenden Ausarbeitung gewinnt der Zuhörer die volle Ausbeute. Und Vorlesungen haben nur Wert, wenn sie verdienen, ausgearbeitet zu werden. Man kann daher keine größere Sünde gegen die Studenten begehen, als wenn man dem Lehrer eine so große Unterrichtslast aufbürdet, daß er seine Vorlesungen nicht auf der Höhe halten kann.

An der Sorgfalt, mit der er sie ausgearbeitet hat, kann man sehen, welche Vorlesungen BJERKNES besonders interessiert haben.

Eine hervorragende Stelle nahm DIRICHLETS Zahlentheorie ein. Auf diesem Gebiet war er Führer, und seine später von DEDEKIND herausgegebenen Vorlesungen wurden das erste systematische Lehrbuch in diesem Zweig der Mathematik.

Doch die größte Bedeutung hatte es für BJERKNES, daß er durch DIRICHLETs Vorlesung in die angewandte Mathematik in des Wortes bester Bedeutung eingeführt wurde, auf den Gebieten, wo die fruchtbarste Wechselwirkung zwischen der Mathematik selbst und ihrer Anwendung besteht. In jener Zeit nahm die mathematische Physik solche Formen an, daß sie sich, vereint mit der rein mathematischen Theorie der partiellen Differentialgleichungen und ihrer Integration, zu einem selbständigen Unterrichtsfach an den Universitäten entwickelte. Drei Männer besonders bauten diesen Unterricht aus: FRANZ NEUMANN in Königsberg, bei dem u. a. O. J. BROCH studiert hatte, LAMÉ in Paris und DIRICHLET in Göttingen. Der letztere war der größte Mathematiker, der auf diesem Gebiet arbeitete.

BJERKNES' Interesse für angewandte Mathematik in diesem Sinne wurde durch die Vorlesungen geweckt, die DIRICHLET im Wintersemester 1855—56 über „Integration partieller Differentialgleichungen und ihre Anwendung auf physikalische Probleme[1]"

---

[1] In der Form, wie DIRICHLET sie hielt, sind diese Vorlesungen nie veröffentlicht, sondern nur in der Form, die RIEMANN ihnen später gab, woraus sich wieder das so verbreitete Lehrbuch RIEMANN-WEBER entwickelt hat.

hielt. Ein bedeutender Teil der Vorlesungen war der Hydrodynamik gewidmet, der mathematischen Theorie der Bewegung von Flüssigkeiten. Sie war vor gerade hundert Jahren von EULER begründet, der 1755 die hydrodynamischen Gleichungen aufgestellt hatte. Aber mit der Anwendung dieser Gleichungen war es nur langsam vorwärtsgegangen. LAGRANGE hatte sich über ihre rebellische Natur beklagt, und NAVIER, der 1820 die Theorie erweiterte, indem er Gleichungen aufstellte, in denen auch die Reibung der Flüssigkeit berücksichtigt war, soll sich sehr pessimistisch über die Zukunftsaussichten der Hydrodynamik ausgesprochen haben. Trotzdem war es zuerst STOKES und später, aber unabhängig von ihm, DIRICHLET gelungen, das früher als so hoffnungslos angesehene Problem der Bewegung eines fremden Körpers in einer reibungslosen Flüssigkeit mit Erfolg anzupacken.

Wenn der Körper Kugelform hatte, war die Lösung sogar sehr leicht. Aber sie gab auch nicht das erwartete Resultat. Man fand nicht das Gesetz des Widerstandes, den man empfindet, wenn man einen Körper durch eine Flüssigkeit bewegt. Man erhielt das überraschende Resultat, daß kein Widerstand zu merken war, wenn die Kugel sich mit gleichmäßiger Geschwindigkeit bewegt. Wenn keine Kraft auf die Kugel wirkt, bewegt sie sich deshalb durch die Flüssigkeit ganz wie nach dem Trägheitsgesetz im leeren Raum, in gerader Linie mit unveränderlicher Geschwindigkeit. Und wenn eine Kraft auf sie einwirkte, so daß sie sich mit veränderlicher Geschwindigkeit bewegte, so bestand die Wirkung der Flüssigkeit nur darin, daß die Kugel eine scheinbar vergrößerte Trägheit zeigte. Sie bewegte sich, wie sie es im leeren Raum getan hätte, wenn dort dieselbe Kraft auf sie einwirkte, aber sie eine Masse gehabt hätte gleich ihrer eigenen Masse plus der halben Masse des verdrängten Flüssigkeitsvolumens.

Dieses Resultat ist für DIRICHLET wahrscheinlich eine Enttäuschung gewesen, der vielleicht gehofft hatte, etwas von unmittelbarem, praktischem Wert zu finden. Auf jeden Fall bildete es einen hinreichenden Grund für die eigentlichen Techniker, um auf die theoretische Hydrodynamik als auf eine wenig nützliche

Wissenschaft herabzusehen. Die Kluft zwischen der theoretischen Hydrodynamik und der praktischen Hydraulik vertiefte sich weiter. Erst in diesem Jahrhundert sind die Erkenntnisse auf beiden Seiten so weit gediehen, daß allmählich eine Verschmelzung stattfindet.

Aber wenn das Resultat für DIRICHLET eine Enttäuschung gewesen war, so öffnete es doch für BJERKNES eine ganz neue Gedankenwelt. Die halbvergessenen Eindrücke von EULERS Briefen an eine deutsche Prinzessin tauchten wieder auf. Der kräftigste Einwand der Anhänger NEWTONS gegen die Anhänger DESCARTES' war immer der gewesen, daß der Raum leer sein mußte, wenigstens so leer wie möglich. Sonst würde das Medium, das den Raum ausfüllte, schließlich jede Bewegung zum Stillstand bringen. Und es ließ sich nicht leugnen, daß gerade in diesem Punkt EULERS Argumente schwach gewesen waren. Aber nun zeigte die von EULER selbst begründete Hydrodynamik, daß es durchaus nicht in der Natur eines raumfüllenden Mediums lag, jede Bewegung aufzuhalten. Der erste Grundsatz der Mechanik, das Gesetz der Trägheit, konnte erfüllt sein, gleichgültig ob der Raum von einer Flüssigkeit ausgefüllt war oder ob er ganz leer war. Es eröffnete sich die Möglichkeit einer neuen Grundauffassung: Der Raum konnte voll sein.

Aber was würde weiter daraus folgen? Wenn zwei oder mehrere Kugeln in der Flüssigkeit vorhanden waren, würde sich die eine dann ganz unabhängig von der anderen bewegen können? Oder würde es so sein, daß die eine Kugel durch die Flüssigkeit hindurch einen Einfluß auf die Bewegung der anderen ausübt? Und würde das nicht wieder für einen Beobachter, der die Flüssigkeit nicht sieht, so aussehen, als ob die eine Kugel aus der Entfernung durch den leeren Raum auf die andere einwirkt?

Diese Fragen drängten sich ihm auf, und er sah auch den Weg, der zu ihrer Beantwortung führte. Er mußte über die Lösung des Problems der gleichzeitigen Bewegung mehrerer Kugeln in einer Flüssigkeit gehen. Das war ein umfassendes Problem, und er konnte nicht daran denken, sich gleich an seine Lösung zu machen. Er mußte die kostbare Zeit benutzen, um sich Kenntnisse zu erwerben, die er sich in seinen jüngeren Jahren nicht hatte aneignen können. In Göttingen war auch eine Ermunterung zur Fortsetzung von DIRICHLETs Arbeit mit diesen neuen Gesichtspunkten und Zielen nicht zu holen. Es war damals die feste Burg der Fernwirkungslehre. Von dort war gerade das berühmte WEBERsche Gesetz ausgegangen, das der höchste Triumph der Fernwirkungslehre war. Es machte Anspruch darauf, in einem einzigen Grundgesetz unser Wissen über die elektrostatischen, elektrodynamischen und magnetischen Phänomene zu vereinigen. BJERKNES behielt deshalb für sich, worauf er mit seinem Problem hinauswollte.

Hatten DIRICHLETs Vorlesungen im Wintersemester BJERKNES die Idee eingegeben, die später seiner Lebensarbeit zugrunde lag, so wurde das, was er im folgenden Sommer vortrug, von großer Bedeutung für die genauere Planlegung der Arbeit. Diese Vorlesungen, die später herausgegeben wurden, waren der mathematischen Beschreibung der Phänomene der Fernwirkung gewidmet. Unter den Zuhörern waren nicht nur die gewöhnlichen Studenten, sondern auch Göttingens größte Berühmtheiten, z. B. DEDEKIND und RIEMANN, die damals Privatdozenten waren und selbst der berühmte WILHELM WEBER saß und schrieb mit wie jeder andere Student.

Neben diesen Vorlesungen, die entscheidend für BJERKNES' Lebensarbeit waren, hörte er auch andere. So waren er, SCHERING und DEDEKIND die einzigen Zuhörer in den Vorlesungen, in denen RIEMANN zum ersten Male seine berühmte Funktionentheorie darstellte. BJERKNES folgte ihr aber, wie er erzählte, mit großen Schwierigkeiten. Sein Unterbau aus der Autodidaktzeit in Kongsberg war zu schwach, und der als Lehrer noch ungeübte RIEMANN war wohl selbst noch nicht zu vollkommener Klarheit durchgedrungen.

BJERKNES hätte gern seine Studien in Göttingen fortgesetzt, fand es aber zum Schluß doch am richtigsten, vielseitigere Eindrücke zu suchen und die folgenden Semester in Paris zu verbringen.

Es war ihm gelungen, seine Ausgaben in Göttingen niedrig zu halten, obwohl er beklagte, daß die Bekanntschaft mit den deutschen Freunden ihn Geld koste. Aber als er Göttingen verließ, beschloß er doch, sich etwas umzusehen. Er reiste auf der Landstraße bis Kassel und von dort mit der Eisenbahn nach Mainz, von wo er mit dem Dampfboot — wie er 1897 an Frau SCHERING schrieb — ,,den Rhein mit seiner Lorelei, seinen Ritterburgen und Weinbergen" hinunterfuhr. ,,Am meisten freute ich mich indessen, als ich mich Bonn näherte und der hübschen Gebirgslandschaft, die diese Universitätsstadt umgibt. Dann zog ich nach Brüssel weiter und mietete mich bei ein paar gutmütigen Flamen ein." Leider ist keiner von BJERKNES' Briefen aus jener Zeit an Kameraden und Gleichaltrige aufbewahrt worden. Aber man sieht aus dem Antwortbrief eines Göttinger Freundes, daß er die Reise so lebhaft beschrieben hat, daß KLINKERFUESS sofort beschloß, sie nachzumachen. In Brüssel blieb er, um Französisch zu lernen, in der Hoffnung, dort billiger zu leben als in Paris. Er wurde von einem belgischen Studiengenossen aus der Vorlesung von DIRICHLET wohl aufgenommen und erhielt die Erlaubnis zur Benutzung der Bibliothek.

Eine kleine Erinnerung aus Brüssel erzählte er mit scherzhaftem Stolze. Er sah eine Menge vor einer Buchhändlerauslage stehen und ging hin, um zu sehen, was da los war. Im Fenster war eine Photographie ausgestellt, die Prinz Napoleon (Sohn von Jerome Bonaparte) vom Frederikstollen gemacht hatte, als er 1855, zusammen mit unserem damaligen Vizekönig, Kongsberg besucht hatte. Auf der Photographie konnte er deutlich seine eigene Malerei sehen, die zwei gekreuzten Hammer über dem Stollen. Er sah auf die Zuschauer, erzählte er, und dachte: ,,Ihr solltet nur wissen, daß ich es bin, der die Hammer gemalt hat."

Von Brüssel aus sollte seine Reise weiter nach Paris gehen. Sein junger Vetter, O. A. HALVORSEN, hielt sich jetzt dort wegen seiner Ausbildung als Geschäftsmann auf. Er schrieb einige Briefe an ihn, um ein paar Aufklärungen zu erhalten und seine Ankunft anzumelden. Aus den Antwortbriefen sehen wir, daß er in hochtrabendem, königlichem Stil geschrieben hat, das fürstliche Aussehen seiner Garderobe beschrieben und erklärt hat, daß er, um nicht durch sein allzu strahlendes Aussehen Aufsehen zu erregen, inkognito dritter Klasse reisen will. Der junge Vetter hat in seiner Antwort denselben Ton angeschlagen, ohne ihn ganz durchführen zu können. Es zeigt sich auch, daß BJERKNES nicht umsonst bei seiner Garderobe verweilt hat. Wie eine Schneiderrechnung beweist, ist das erste, was er nach seiner Ankunft in Paris tun muß, die Anschaffung einiger unentbehrlicher Kleidungsstücke. Das bedeutete einen Griff von 180 Fr. in die Reisekasse. Aus den Briefen in die Heimat sieht man, daß er sich wieder so sparsam einrichtete, wie die Verhältnisse es gestatten, und einige lose Papierzettel zeigen, daß er sich einen Haushaltsplan gemacht hat, um zu sehen, wieviel er im Monat gebrauchen darf, wenn das Stipendium für die festgesetzte Zeit reichen soll. Es galt auch, möglichst billige Restaurants herauszufinden. Über seinen ersten Versuch dazu erzählte er eine kleine Geschichte, die so charakteristisch ist für seine ganz unnatürliche Zurückhaltung, daß ich sie wiedergeben möchte. Er hatte sich ein Restaurant ausgesucht, das er für passend hielt, ging aber erst mehrere Male vor der Tür auf und ab, ehe er sich entschließen konnte, hineinzugehen. Dann faßte er diesen Entschluß, trat ein und nahm bescheiden dicht neben der Tür Platz. Aber das hätte er nicht tun sollen. Denn sofort kam eine wütende Alte angerannt und jagte ihn fort. Er hatte sich auf den Platz der Kassiererin gesetzt. In dieses Restaurant ging er nie wieder.

In dieser Zeit handeln die Briefe von zu Hause immer ausschließlicher von der hoffnungslosen Krankheit der Schwester und berichten schließlich von ihrem Tode an Auszehrung am 11. November. In seinen Antworten sucht er seine Mutter nach besten Kräften zu trösten, und sie zeigt eine rührende Dankbarkeit dafür. Aber nach und nach bringt er anderen Unterhaltungsstoff hinein, wie z. B. folgendes Bild aus Paris:

„... Vor einiger Zeit hatte ich Gelegenheit, den Einzug des Kaisers und der Kaiserin in Paris zu sehen, nachdem sie einige Zeit fortgewesen waren. Ich und OLAVUS[1] gingen zufällig zusammen auf den Boulevards spazieren, als wir bemerkten, daß viele Menschen stehenblieben, um zu warten. Überall war es voll von Polizeibeamten, so daß wir gleich merken konnten, daß etwas im Gange war. Wir fragten einen von den Polizisten, was das bedeutete, aber er sagte, er wüßte nichts. Dann kam der Zug. Voran ritten drei Personen mit scharfgeladenen Pistolen, den Finger am Abzug, schußbereit, falls sich etwas Bedenkliches zeigen sollte; dann kam der Wagen mit dem Kaiser und der Kaiserin, dann einer mit dem kaiserlichen Prinzen und schließlich eine kleine reitende Eskorte. Einige Zeit danach kamen ein paar Regimenter Gardesoldaten, welche die hohen Herrschaften auf dem Bahnhof in Empfang genommen hatten. Kein Mensch versuchte hurra zu rufen, man beschränkte sich darauf, einfach zu grüßen. Ein paar Polizeibeamte versuchten ein ‚Es lebe der Kaiser!' zustande zu bringen, aber das Publikum wollte nicht mittun, und so mußten sie allein rufen. Wir konnten es nicht unterlassen, zu vergleichen, wie es bei uns zugeht. Da braucht der König doch keinen stummen, mit scharfgeladenen Pistolen und Hunderten von Polizisten beschützten Einzug zu halten. Am nächsten Tag stand übrigens in den Zeitungen, daß die Majestäten ihren Einzug unter den wärmsten Beifallsrufen des Publikums gehalten hätten.

Eine Sache, die in Paris viel Aufsehen erregt und von der die ganze Stadt spricht, ist die fürchterliche Begebenheit im Pantheon. Mitten in der Kirche, während der Ausübung seines religiösen Amtes wurde der Erzbischof von Paris von einem seiner eigenen Priester im Angesicht von Tausenden von Menschen ermordet ...

... Wie man sieht, gibt es viel Unheimliches hierzulande. Bei uns daheim ist es in mancher Hinsicht viel besser. Stehen wir in einigen Dingen zurück, so haben wir in anderen einen tüchtigen Vorsprung. Je länger ich draußen bin, desto besser gefällt mir unsere eigene Art ..."

[1] O. A. HALVORSEN.

Im übrigen hatte er nicht viele Erlebnisse in der Weltstadt. ,,Ich lebe", schreibt er am 18. März 1857, ,,jetzt wie früher ruhig und sehe wenig oder nichts von Paris; wenn man wenig auszugeben hat, muß man sich in sein Zimmer einschließen und seinen Studien leben, statt ein Pariser Leben zu führen; auf die Art kann man, jedenfalls wenn man es so wie ich macht, ziemlich billig leben; aber amüsieren tut man sich nicht gerade. Ganz gewiß lebt keiner der Norweger hier so eingeschränkt wie ich, aber sie haben auch alle den Ausweg, daß sie wieder heimreisen können, wann sie wollen, während ich meine Zeit hier aushalten und mich danach einrichten muß." Von seinen Vergnügungen in Paris weiß ich, daß er einmal in der Großen Oper war, einmal im Théâtre Français und einmal im Odéon und im übrigen ein paarmal in kleineren Theatern. Es war eines seiner großen Erlebnisse, daß er einmal die große Schauspielerin RISTORI sah, deren Spiel einen unauslöschlichen Eindruck auf ihn machte.

In Paris erhielt BJERKNES vor allen Dingen Gelegenheit, den großen CAUCHY zu hören, in dessen Lehrbücher er sich im Wachthause am Frederikstollen vertieft hatte. Die Vorlesungen waren über Astronomie, wurden aber von einer Übersicht über eine Reihe der wichtigsten mathematischen Entdeckungen CAUCHYS eingeleitet. Sie waren daher von großem Interesse, wenn der Mann selbst auch jetzt alt war und eine gewisse Alte-Männer-Eitelkeit nicht verbergen konnte — gab er doch immer Jahr und Datum jeder einzelnen seiner Entdeckungen an. Indessen starb CAUCHY, ehe er seine Vorlesungen beendet hatte. In seinem Stipendiatsbericht spricht BJERKNES seine Verwunderung darüber aus, daß ein solcher Mann in einem Zentrum wie Paris vor drei bis fünf Zuhörern lesen mußte.

Ungefähr die gleiche Zuhörerzahl war in den anderen höheren Vorlesungen, die er hörte, von LIOUVILLE, BERTRAND und LAMÉ. Außer LAMÉS Vorlesungen über die mathematische Theorie der Wärmeleitung interessierten sie ihn nicht so sehr. Keiner der französischen Mathematiker jener Zeit besaß die überlegene Vorlesungskunst DIRICHLETS oder ging so in die Tiefe wie RIEMANN

Was ihn aber an LAMÉS Vorlesungen interessierte, war die Tatsache, daß dieser bedeutende Mann nicht orthodox an der Fernwirkungslehre festzuhalten schien. Er hob hervor, daß nach seiner Überzeugung das dazwischenliegende Medium, der Äther, eine fundamentale Rolle bei allen Naturerscheinungen spiele.

In Paris trat daher allmählich die Arbeit in den Bibliotheken und die Beschäftigung mit eigenen Arbeiten mehr in den Vordergrund. Er fand es auch hier noch nicht an der Zeit, mit seinem großen hydrodynamischen Problem anzufangen, es wäre zu umfangreich gewesen. Er nahm näherliegende, rein mathematische Untersuchungen vor. Besonders in Anspruch genommen wurde er von einer Arbeit, die er CAUCHY als dem großen Führer auf diesem Gebiete zeigen wollte. Es war eine geometrische Darstellung von Gleichungen zwischen komplexen Variabeln, die als Spezialfall die bekannte Darstellung der komplexen Größen umfaßte. Sie führte zu einer interessanten Verallgemeinerung der analytischen Geometrie der Ebene, aber CAUCHY starb, ehe er Gelegenheit hatte, ihm die Arbeit vorzulegen.

Mit den Professoren und den französischen Studenten kam er in Paris nur wenig in Berührung, dazu war er allzu zurückhaltend.

Die Nachrichten von daheim über seine Zukunftsaussichten lauteten in dieser Zeit nicht ungünstig. Erstens stellte das neu eingerichtete Lehrerexamen in Mathematik und Naturwissenschaften erhöhte Ansprüche an den Unterricht in reiner und angewandter Mathematik. Die neue Lektorstelle, welche die Universität ständig beantragte, war daher notwendiger denn je. Dazu war HANSTEEN durch königliche Entscheidung vom 30. Januar 1856 von seiner Vorlesungspflicht befreit, und BROCH wurde immer mehr durch außerhalb seines Amtes liegende Arbeiten überlastet. Im April 1857 schreibt BJERKNES' Mutter an ihren Sohn nach Paris und fordert ihn auf, nicht gar zu sehr zu sparen — sie fürchtet, daß er wieder „wie in Kongsberg lebt". Sie bittet ihn auch, einige Vergnügungen mitzumachen, während er draußen ist, und fügt hinzu: „Nach allem, was man hört, kannst du wohl ziemlich sicher sein, daß du bald Lektor wirst, und dann bist du wohl obenauf." Gleichzeitig schickt sie ihm 200 Fr. als Geschenk, sie hat es jetzt wirtschaftlich etwas leichter, weil der Hof in der guten Zeit verkauft worden ist. Er antwortet: „Für die 200, die Du mir als Geschenk schickst, muß ich Dir vielmals danken; nur fürchte ich, daß Du Dir dadurch etwas abgehen läßt, was Du selbst notwendig brauchst; doch will ich nicht unterlassen, es anzunehmen, da meine Lage im Augenblick etwas bedrängt ist." Doch behält er sich vor, nicht das Ganze für Vergnügungen anzuwenden, sondern auch eine Reihe recht nötiger Bücher zu kaufen usw., und fährt dann fort: „Du schreibst in Deinem Brief, daß man glaubt, ich werde nächstens Lektor. Was das betrifft, so weiß ich wohl nicht, wie die Sache steht, aber ich halte es doch für das beste, sich nicht darauf zu verlassen, da man gern glaubt, was man wünscht. Ich denke deshalb so wenig wie möglich daran und versuche nur, so tüchtig zu werden, daß ich gut vorbereitet bin, wenn meine Zeit kommt."

Aber die Aufforderungen von zu Hause, die Lage lichter anzusehen und lieber eine Anleihe zu riskieren, halten an, begleitet von Aufklärungen über andere Möglichkeiten der Anstellung auf die eine oder andere Art. Im Mai 1857 schreibt ihm sein Bruder: „Durch OLAVUS' Heimkehr haben wir näher erfahren, wie Du in Paris lebst. Soweit ich urteilen kann, ist es nicht einmal einigermaßen erträglich. Ich finde daher, Du dürftest nicht so bange sein, Schulden zu machen, damit Du doch etwas davon hast, wo Du nun einmal ins Ausland gekommen bist ... Um über Deine Zukunftsaussichten zu reden, so hast Du vermutlich aus den Zeitungen gesehen, daß Prof. LANGBERG gestorben ist. Über die Besetzung der Stelle wird verschieden geurteilt. Im allgemeinen nimmt man an, daß ARNDTSEN und CHRISTIE konkurrieren werden, und daß in diesem Falle der letztere als Sieger hervorgehen wird. Aber man spricht auch davon, daß OLE JACOB BROCH Lust zu dem Lehrstuhl in Physik habe, in welchem Fall Du ungefähr selbstverständlich als sein Nachfolger als Lektor angesehen wirst. Auf jeden Fall soll BROCH sich dahin geäußert haben, ehe ARNDTSEN Lektor in Physik würde, würde er selber dieses Fach übernehmen."

Der Brief erzählt weiter, daß man auch in Kopenhagen große Schwierigkeiten mit der Besetzung eines mathematischen Lehrstuhls habe und man darüber spreche, daß BJERKNES von dort eine Anfrage bekommen könne.

BJERKNES stellt sich in seinen Antworten sehr reserviert zu diesen umständlichen Kombinationen von Aussichten. Am meisten vertraut er darauf, daß der Lektorposten für angewandte Mathematik doch einmal errichtet werden wird, und daß er Aussicht hat, diesen zu erhalten oder die Stelle für reine Mathematik als Nachfolger von BROCH, wenn dieser vorzieht, zur angewandten zurückzukehren.

Inzwischen nähert sich die Zeit der Heimreise, und eine Anleihe wird zur Notwendigkeit, um heimkommen zu können. Er legte den Weg über Göttingen, wo er nun als Gast im Observatorium bei Dr. SCHERING wohnte, der jetzt GAUSSENS erdmagnetische Arbeiten fortsetzt. Von DIRICHLET und seinem Kreis wird er auf das beste aufgenommen. Die Heimreise geht dann weiter über Berlin, wo er seine erste Abhandlung, die er CAUCHY hatte vorlegen wollen, dem „Journal für reine und angewandte Mathematik" einliefert. Am 7. August kehrt er nach Christiania zurück. Sein Stipendium hatte fast zwei Jahre gereicht.

Adjunktsstipendiat 1857—61.
Provisorischer Lektor 1861—63.
Selje.

Da er auf der Reise lange ohne Nachricht gewesen war, kam BJERKNES nicht wenig gespannt heim. Er sollte die Lage ganz verändert finden.

BROCH dachte nicht mehr daran, das Professorat in Physik nach LANGBERG zu übernehmen. SEXE leitete inzwischen den Unterricht, während ARNDTSEN und CHRISTIE mit Stipendien ins Ausland geschickt waren, um sich auf ihre Konkurrenz vorzubereiten. Und das Lektorat für angewandte Mathematik, das nach HANSTEENS Befreiung von der Vorlesungspflicht doppelt notwendig erscheinen sollte, hatte eine ganz neue „Wendung" erhalten.

Im Frühjahr hatte nämlich HANSTEEN dem akademischen Kollegium mitgeteilt, daß Observator FEARNLEY eine Professur für Astronomie an der Universität Kopenhagen zu sehr günstigen Bedingungen angeboten worden sei — Anfangsgehalt 1600 Reichsbanktaler und 90 Tonnen Getreide samt beträchtlichen Alterszulagen. Das Kollegium reichte deshalb einen Vorschlag für ein provisorisches Lektorat für Observator FEARNLEY ein, das wieder fortfallen sollte, wenn dieser definitiv HANSTEENS Nachfolger in Astronomie wurde. „In Anbetracht der mehrmals aufgetretenen großen Schwierigkeiten, die Lehrstellen der Universität, besonders an der Philosophischen Fakultät, zufriedenstellend zu besetzen", hält es das Ministerium für wichtig, daß „die Lehrkräfte, die hier ausgebildet sind, nicht fortziehen". Es unterstützte daher den Vorschlag des Kollegiums und das provisorische Lektorat für Astronomie wurde am 10. Juli vom Storthing bewilligt. Die Frage, wer HANSTEENS Nachfolger in angewandter Mathematik werden sollte, fiel damit wieder für unbestimmte Zeit unter den Tisch. BROCH und der jetzt als vollausgebildeter Stipendiat zurückgekehrte BJERKNES mußten den ganzen Unterricht sowohl in reiner wie in angewandter Mathematik übernehmen.

Nach der mit großen Entbehrungen durchgeführten Auslandsreise hatte also BJERKNES wieder nur sein Adjunktsstipendium zur Verfügung. Das Gehalt ging außerdem wieder auf den Anfangsbetrag von 200 Sp.-T. zurück. Um in der herrschenden Teuerung die Schuld zu bezahlen, in die er trotz aller Sparsamkeit geraten war, mußte er sich nach Nebenbeschäftigung umsehen. Er kam wieder auf sein altes Brotstudium, das Bergfach, zurück. Im Frühling 1858 erhielt er auf sein Gesuch den Konservatorposten nach Hörbye im Mineralienkabinett. Seine Arbeit dort bestand hauptsächlich in Etikettenschreiben.

Inzwischen ging er mit Eifer an seine neue Arbeit als Vortragender an der Universität. Der Unterricht an und für sich und speziell die Vortragskunst als solche hatte ihn immer interessiert. In seinem Stipendiatsbericht hatte er die lehrreichen Gespräche mit DIRICHLET hervorgehoben, worin dieser aufmerksam gemacht hatte „auf die fundamentalen Regeln, von denen er meinte, daß jeder Lehrer sie befolgen müßte, um dem mündlichen Vortrag die Klarheit zu geben, die sonst dem Zuhörer so leicht verlorengeht, wenn die Abstraktheit der Materie von dem Vortragenden nicht gehörig beachtet wird". Sich zu einem guten Lehrer auszubilden, betrachtete damals überhaupt jeder gewissenhafte Universitätsstipendiat als seine erste Pflicht, ganz wie es jetzt für ihn gilt, vor allem Abhandlungen zu produzieren, um seine Zukunftsaussichten zu sichern.

Nach dem, was ich von seinen Zuhörern aus jener Zeit gehört habe, hatte er schon als eben heimgekehrter Stipendiat einen ganz ungewöhnlich guten Vortrag. Jede Vorlesung war ein kleines Kunstwerk, oft ganz kurz, damit die Pointe um so klarer hervortreten konnte. Die Formeln schrieb er, wie übrigens bis zu seinem letzten Lebenstag, immer mit einer Zierlichkeit und Übersichtlichkeit auf, die nicht übertroffen werden konnte, und am Ende der Vorlesung standen sie als ein anschauliches Bild der gegebenen Entwicklung da.

Seine Vorlesungen erstreckten sich sowohl auf die reine wie auf die angewandte Mathematik, und dasselbe war bei BROCH der Fall. Es wurde keine scharfe Grenze gezogen. Der Unterschied bestand darin, daß BROCH hauptsächlich innerhalb des Examenspensums für das mathematisch-naturwissenschaftliche Lehrerexamen las, während BJERKNES sich an der Grenze oder außerhalb dieses Pensums bewegte. Er las gewöhnlich drei Stunden in der Woche über elliptische Funktionen, allgemeine Funktionstheorie, Integration der Differentialgleichungen, Zahlentheorie, partielle Differentialgleichungen und ihre Anwendung auf die mathematische Physik und verschiedene, speziellere Gebiete.

Während seiner Arbeit an den Vorlesungen versuchte er sich in die Theorien zu vertiefen, die er vortrug. Das führte zu zwei

Arbeiten rein mathematischen Inhalts. Die eine war eine ausführliche Darstellung seiner Theorie der geometrischen Darstellung von Gleichungen zwischen komplexen Variabeln. Sie wurde 1859 als Universitätsprogramm herausgegeben. Die andere war eine Abhandlung über elliptische Funktionen, die 1859 in den Abhandlungen der Gesellschaft der Wissenschaft gedruckt wurde. An das große Problem dagegen, das ihm aus seiner Göttinger Zeit vorschwebte, wagte er sich in seinen knapp bemessenen Freistunden noch nicht heran, und er würde ja auch dabei die Gefahr laufen, als ein Utopist angesehen zu werden, der ganz unpraktische und sinnlose Probleme aufgriff.

Diese nächsten Jahre wurden die besten, die der Mathematikunterricht je an unserer Universität gehabt hatte. Eine Reihe interessierter und begabter Männer studierte für das mathemathisch-naturwissenschaftliche Lehrerexamen. Drei von ihnen, L. SYLOW, C. M. GULDBERG und SOPHUS LIE, wurden berühmte Männer der Wissenschaft, andere, wie J. A. BONNEVIE und CARL BERNER, bedeutende Männer in Schule und Politik. Bei solchen Leuten war BROCHS energischer und BJERKNES' feiner Unterricht nicht vergebens. Und gerade durch den Gegensatz mußten die beiden zusammen um so stärker wirken.

Für BROCH, den Arbeitsriesen, waren die Vorlesungen eingelegt zwischen seine Direktions- und Kommissionssitzungen und seine vielseitigen literarischen Arbeiten. Nie müde, las er klar und energisch und erreichte treffsicher sein Resultat, ohne sich selbst von den längsten Rechnungen abschrecken zu lassen. Aber ihm fehlte die Zeit — wenn nicht die Fähigkeit —, sich in seinen Stoff zu vertiefen, die Rechnung zu vereinfachen, soweit es das Problem zuließ, die führenden Linien des Problems zu suchen, die oft die Rechnung überflüssig machen. Neben einer Gestalt wie BROCH mußte BJERKNES doppelt zurückhaltend und weltfern wirken. Er kam still und in Gedanken versunken von seinem Etikettenschreiben im Mineralienkabinett, aber was er vortragen sollte, war ganz durchgearbeitet. Für ihn galt es, die Vereinfachung bis zum Äußersten zu führen, die naturgegebenen Richtlinien des Problems zu finden, die alles klar und selbstverständlich machen. Die Methode war ihm wichtiger als das Resultat. War BROCH der Mann der Tat, der zielbewußt auf die Lösung der nächsten, praktischen Aufgaben lossteuerte, so war BJERKNES der reine Denker, der ferne Ziele im Auge hatte.

Was BJERKNES' Einfluß auf jeden einzelnen der werdenden Mathematiker betrifft, so ist es wohl kaum ein Zufall, daß SOPHUS LIES Erstlingsarbeit in gleicher Richtung lag wie BJERKNES' Universitätsarbeit von 1859 über die geometrische Anwendung von Imaginären. Daß BJERKNES nicht ohne Bedeutung für GULDBERGS Interesse an der mathematischen Physik war, sieht man aus dessen Briefen von seiner Auslandsreise im Anfang der sechziger Jahre. Und in einer Biographie von SYLOW berichtet ELLING HOLST, daß dieser sich auf BROCHS Rat mit großem Interesse in JACOBIS „Fundamenta Nova" vertiefte. „BJERKNES prophezeite ihm aber, daß er noch begeisterter werden würde durch die Darstellung bei ABEL. BJERKNES' Prophezeiung ging in Erfüllung." Bei ABEL fesselte ihn aber die Theorie der Gleichungen noch mehr als die elliptischen Funktionen. Da wies ihn BJERKNES, wie HOLST weiter berichtet, auf GALLOIS' hinterlassene Theorie. Auf diesem Gebiet führte SYLOW dann auch seine Hauptarbeit aus.

Die Bedingungen für das Studium der Mathematik waren ganz andere geworden wie damals, als BJERKNES auf die Universität kam.

In dieser Zeit, wo seine Zukunftsaussichten unsicherer denn je waren, verlobte sich BJERKNES.

Zwei Jahre vorher hatten er und eine junge Dame sich flüchtig auf dem Dampfboot zwischen Larvik und Horten gesehen, ohne miteinander bekannt zu werden. Die junge Dame war Fräulein ALETTA KOREN, Tochter des Pfarrers in Selje und Probstes im Nordfjord, WILHELM FRIMANN KOREN, aus der bekannten Pfarrer- und Beamtenfamilie. Ihre Mutter war eine geborene BOYESEN, Tochter des Pfarrers in Ullensaker, eines literarisch und künstlerisch interessierten Mannes, in dessen Haus WELHAVEN verkehrte und einmal auch WERGELAND auf die eigentümliche Weise auftauchte, die er so köstlich in einer seiner „Haselnüsse" beschreibt. Fräulein ALETTA BOYESEN, die spätere Frau KOREN, und ihre Schwester waren die zwei Töchter des Hauses, von denen WERGELAND erzählt, daß sie Duette sangen und auch sonst dazu beitrugen, dem unglücklichen Freier die Zeit zu vertreiben, der eher angekommen war als der Freierbrief, den er an „Jungfrau C. C." gesandt hatte, eine Dame, die sich zu Besuch im Pfarrhofe befand. Nach den Erzählungen der Augenzeugen ist WERGELANDS Darstellung dieser für ihn so peinlichen Begebenheit in allen Teilen richtig.

Es hatte einiges Aufsehen erregt, als Pfarrer BOYESENS Tochter, eine gefeierte Schönheit mit einer selten schönen Singstimme, ihre Hand dem ziemlich unansehnlichen Kandidaten der Theologie reichte und ihm auf seinen abseits gelegenen Pfarrhof folgte, fern von den literarischen und künstlerischen Kreisen, denen sie angehört hatte. Aber sie und ihr Mann verwuchsen so mit diesem neuen Ort, daß sie nie daran dachten, ihn zu verlassen, bis er 1875 aus Rücksicht auf die Gesundheit seiner Frau seinen Abschied nahm, nach neunundvierzig Jahren Dienst an derselben Stelle.

Sie erlebten große Veränderungen seit dem Tage, an dem sie mit einer Jacht zum Pfarrhof gesegelt kamen. Damals, in der Zeit des Naturalhaushaltes, war das Wohl des Volkes auch das Wohl des Pfarrers. Er erhielt einen wesentlichen Teil seiner Einkünfte als Zehnten, Fischzehnt, Kornzehnt und kleinen Zehnt (Butter, Wolle usw.), die in natura erlegt wurden. Dazu kam die Fischereigerechtsame, die in guten Fischjahren eine nette Summe für den im Grunde des Sildegap günstig belegenen Pfarrhof ergeben konnte. Der Pfarrer nahm durch seine eigenen Leute am Fischfang teil. Auf dem Pfarrhof dienten sieben Mägde und sechs Knechte. Eine der wichtigsten Arbeiten der Pfarrfrau war die Verproviantierung der Knechte für die Teilnahme an den großen Fischzügen. Der Pfarrer hielt selbst eine Jacht, die nach Bergen fuhr, um den Zehntenfisch und die Ausbeute aus der gemeinsamen

Fischerei, die er zusammen mit verschiedenen seiner Pfarrkinder betrieb, zu verkaufen. So lebte er das Leben seiner Pfarrkinder mit, nicht nur als Pfarrer, sondern auch an ihrem zeitlichen Wohl Anteil nehmend. Als er nach Selje kam, waren so gut wie alle seine Pfarrkinder Pächter. Der Boden gehörte zum größten Teil dem St.-Jörgens-Hospital in Bergen. Er begann sofort damit, ihnen zu helfen, Besitzer zu werden nach dem Gesetz von 1821 über den Verkauf von der Kirche gehörendem Gut. Wenn einer einen guten Fischzug gemacht hatte, sagte er zu ihm, jetzt wäre seine Zeit gekommen, setzte die Gesuche auf und ordnete den Ankauf des Bodens. Während es nach der Überlieferung nur drei Besitzer im ganzen Pfarrbezirk gab, als er 1826 hinkam, waren nur noch drei Pächter da, als er 1875 seinen Abschied nahm.

Mit seinen von Jahr zu Jahr wechselnden Einkünften ließ er seine Söhne die Kathedralschule in Bergen und später die Universität in Christiania besuchen und hielt im Pfarrhof Lehrerinnen für seine Töchter. Hier wuchs ALETTA KOREN als die mittlere der großen Kinderschar auf. Sie hatte den Unterricht genossen, den wechselnde Gouvernanten und die primitivsten Unterrichtsmittel schaffen konnten. Schreiben lernte sie mit einem Stäbchen auf einem Brett mit Sand. Sehr weit reichten ihre Schulkenntnisse nie. Aber sie hatte einen wachen Geist, leichte Auffassungsgabe für alles, was sie sah und hörte, eine große Fähigkeit, ihre Eindrücke und Erlebnisse wiederzugeben und zu erzählen, und war immer froh und vergnügt.

Einen Blick in die Welt außerhalb des Pfarrhofes warf sie gelegentlich, wenn sie ihren Vater begleitete, wenn dieser in kirchlichen Angelegenheiten einmal im Jahre das ganze Stadtland bereiste, die Einsegnungen auf den verschiedenen Begräbnisplätzen vornahm und Alte und Kranke versah, die er vielleicht nicht mehr lebend wiedersehen würde. Wer jetzt im Stadtland reist, macht sich nicht leicht eine Vorstellung davon, wie primitiv das Volk damals war. Überall herrschte die alte Gastfreiheit. Kein Gast durfte das Haus verlassen, ohne eine Gabe mitzunehmen, wenn sie auch noch so klein war. Der Pfarrer, der ein für allemal keine

Geldgaben annahm, kam immer wenigstens mit einer Menge Kringel nach Hause. Aber andere Gäste wurden hinter dem Bootshaus beiseitegezogen und ihnen ein Zwölfschilling oder sogar ein Taler aufgenötigt, ehe sie das Haus verlassen durften.

Die Lebensbedingungen waren in jener Zeit, wo Fischerei und Seefahrt noch in offenen Booten vor sich ging, derartige, daß der Pfarrer fast jeden Kirchsonntag von der Kanzel verlas: „N. N. hat ein Wachslicht für den Altar des Herrn gestiftet, weil er aus Seenot errettet worden ist." Wo der Kampf ums Leben in des Wortes buchstäblicher Bedeutung alltäglich herrscht, da erhält das Leben ein ernstes Gepräge, und der Tod wird etwas Selbstverständliches. Das drückt sich auch in den Sitten aus. Deshalb wunderte sich niemand im Pfarrhofe, wenn ein Mann in die Küche kam mit einem Sarg auf den Schultern, ihn auf die Küchenbank niedersetzte und um den Kirchhofschlüssel bat, „um ein Kindchen zu begraben". Ja, wie weit die rührende Selbstverständlichkeit gehen konnte, erfuhr die junge Pfarrerstochter einmal, als sie allein auf einen Hof kam, wo Trauer war. Ein Kind war gestorben, und die kleine Leiche lag auf dem Tisch. Sie wollte sich zurückziehen, aber die Tochter des Pfarrers durfte nicht ohne weiteres das Haus verlassen. Die trauernde Mutter schob die Kinderleiche etwas beiseite und deckte auf demselben Tisch das Beste auf, was sie hatte. Angesichts der kleinen Leiche mußte so der Gast den Speisen Ehre antun.

Mit Verständnis für diese einfache Bevölkerung war die junge ALETTA KOREN aufgewachsen. Nur gelegentlich kam ein Hauch anderer Kreise herein, wenn Fremde im Pfarrhof zu Besuch waren oder wenn sie ein seltenes Mal ihren Vater auf seinen Visitatsreisen in der Nordfjordprobstei begleitete und dort die anderen Pfarrerfamilien kennenlernte.

Ein solches Leben weckt ein ständig steigendes Sehnen, das hinter BJÖRNSONS vier Worten bebt: „Hinter den hohen Bergen". Es war das größte Erlebnis, das sie sich denken konnte, als sie 1855, achtzehn Jahre alt, zur Hauptstadt reisen durfte. Sie sollte zwei Jahre lang bei ihrem Onkel bleiben, dem damaligen Garnisonspfarrer BOYESEN, Sohn des Pfarrers in Ullensaker, um dort ihre Ausbildung zu vollenden. BOYESEN hatte die literarischen und künstlerischen Interessen seines Vaters geerbt. Er gehörte zu WELHAVENS Umgangskreis, war ein ausgezeichneter Aquarellist und hatte im Ernst daran gedacht, Künstler zu werden. Diese neue Welt tauschte nun das junge Fräulein KOREN gegen das primitive Milieu von Selje ein. Sie konnte sie wohl im Anfang bedrücken. Aber sie lebte sich schnell in die neuen Verhältnisse ein.

Fräulein ALETTA KOREN.

Stipendiat C. A. BJERKNES 1858.

Jetzt näherte sie sich ihrem zwanzigsten Jahre, und die Zeit ihrer Heimreise rückte näher. Aber als Erwachsene sollte sie zuerst etwas mehr an dem gesellschaftlichen Leben der Stadt teilnehmen und wurde zu diesem Zweck Mitglied der Musikgesellschaft Philharmonie, wo sich in jener Zeit der bessere Mittelstand der Stadt zu Gesangsübungen und gesellschaftlichen Zusammenkünften in einfachen Formen traf. Die Mitglieder der höchsten Kreise pflegten nur zu den Konzerten zu kommen. Die Gesangsübungen wurden jeden Mittwoch abend abgehalten. Am 30. September 1857 war das junge Fräulein KOREN zum erstenmal da, das gleiche war der Fall mit dem eben heimgekehrten Stipendiaten BJERKNES, dessen liebste Erholung die Musik war und blieb. Von Anfang an fielen sie sich gegenseitig auf und beobachteten sich mit Interesse, das mit jedem Zusammentreffen stieg. Nicht ohne Mühe erfuhr der eine, wer der andere war, keiner wollte sich durch eine offene Frage vor seiner Umgebung bloßstellen. An einem Tanzabend wurden sie bekannt, und auf dem Philharmonieball am 3. Dezember erhielt BJERKNES ihr Jawort.

Im Sommer 1858 begleitete er seine Verlobte zu einem Besuch bei seinen künftigen Schwiegereltern auf dem Seljepfarrhof. Hier öffnete sich ihm eine neue Welt. Er lernte die andere Hälfte des Vaterlandes, das er liebte, kennen, das Westland, seine Natur, sein Volk im Land- und Seeleben, seine Überlieferungen und geschichtlichen Erinnerungen. Er hatte immer LINDEMANs Volkslieder und die Volksmärchen von ASBJÖRNSEN und MOE geliebt. Jetzt kam er an eine Quelle gleicher Art, in das alte Kulturzentrum, das sagenreiche Selje, die Wiege des Christentums in Norwegen.

Der Pfarrhof liegt auf dem Festlande, gegen das Meer zum Teil beschützt durch die „heilige Insel", wo noch jetzt die Ruinen des Klosters Sta. Sunniva stehen. Vom Pfarrhaus zieht sich ein prachtvoller weißer Sandstrand ins Innere der Bucht, wo unter dem Kirkehorn die Kirche liegt, auf dem Platz des alten heidnischen Heiligtums. Der Strand war der einzige Weg zur Kirche, aber einen prachtvolleren Kirchweg kann man sich nicht vorstellen. Man sieht von dort über den Sildegap bis zum Meer, auf der einen Seite die heilige Insel, auf der anderen die ernsten Bergzüge des Stadtlandes. Von hier aus hatte man vor neunhundert Jahren das Schiff von Sta. Sunniva an der Insel landen sehen, als sie vor dem heidnischen Wiking, der sie heiraten wollte, aus Irland flüchtete, im Schiff ohne Segel und Ruder treibend. Und einige Jahre später sah man von hier aus HAAKON JARLs Drachenschiffe hereinfahren, um zu untersuchen, was für bedenkliche Fremde sich auf der Insel niedergelassen hatten. Da geschah das Wunder: Sta. Sunnivas Gebet, daß sie nicht in die Gewalt der Heiden geraten möchten, wurde erfüllt. Aus der Decke der Höhle, in der sie wohnten, fiel ein Felsstück herab und tötete sie alle. Aber sie waren nicht umsonst gestorben. Ein Leuchten und Wohlgeruch zeigte, daß die Toten Heilige gewesen waren. OLAV TRYGVASON konnte darauf hinweisen, als er auf dem Stadtland Thing hielt und den Bauern das Christentum brachte. OLAV der Heilige ging hier an Land, als er heimkehrte, um seine großen Taten zu verrichten. Hier glitt er mit dem Fuß aus und wechselte die bedeu-

Selje, Sandstrand und Kirche.

tungsvollen Worte mit seinem Pflegevater RANE, die die Sage aufbewahrt hat.

Unterhalb der zur Kirche geweihten Höhle erhoben sich später Kirche und Kloster. Selje wurde der Bischofsitz des Westlandes. Aber es kamen prosaischere, nüchternere Zeiten. Bischofsitz und Reliquien wurden nach Bergen gebracht. Auch die Kirche wurde umgesetzt, von der Insel auf das Festland, dorthin, wo sie jetzt liegt, vom Pfarrhof durch den langen weißen Strand getrennt. Aber das ging nicht ungestraft. Die vielen Toten, die auf der heiligen Insel ruhten, wollten sich nicht dareinfinden. Nacht für

Nacht erschienen sie auf dem Pfarrhof und beunruhigten den
Pfarrer. Zuletzt fand dieser, der gebieterische Herr STUD, daß es
zu weit ginge. Als eines Nachts die Toten wieder kamen, kleidete
er sich in vollen Ornat, nahm die Bibel unter den Arm und befahl
der Schar, ihm zu folgen. Er ging voran über den Strand mit der
langen Reihe der Toten hinter sich. Er ging in die Kirche, wo die
Toten sich in die Bänke setzten, und sprach so ernste Worte mit
ihnen, daß sie versprachen, sich nicht mehr zu zeigen bis zum Tag
des Jüngsten Gerichtes.

Dieses Versprechen haben sie gehalten, und von nun an
herrschte Ruhe. Seitdem versammelte sich nur die Gemeinde am
Sonntag auf dem Pfarrhof und wanderte mit dem Pfarrer an der
Spitze über den Strand zur Kirche zu Gottesdienst, Trauung und
Taufe.

Diese neue Welt packte BJERKNES sehr. Er hatte die glückliche Fähigkeit, daß er sich ganz von der wissenschaftlichen Arbeit
freimachen konnte, wenn er sie erst einmal verlassen hatte. Wie
drückend er auch seine unsichere Zukunft empfand und die Verhältnisse, unter denen er lebte, wenn er sich unter die anderen
mischte, war er immer voller Leben und Munterkeit. Er wurde
sofort ein liebes Mitglied des neuen Familienkreises. Der Sommer
wurde dem Familienleben in den fremden Verhältnissen und Ausflügen in die neue Natur gewidmet. Die scharfe Meerluft bekam
ihm nicht immer gut. Aber um so besser ging es ihm im Inneren
der Fjorde, wo er mit seiner Verlobten die verschiedenen Pfarrerfamilien der Probstei besuchte. Der Glanzpunkt war der Aufenthalt auf dem Pfarrhof in Gloppen bei Pfarrer HEFFERMEHL und
seiner zahlreichen und lebhaften Familie. Dort war er seitdem
immer ein gern gesehener Gast.

Im Herbst fuhr er nach Christiania zurück zu seiner mathematischen Arbeit, seinen Vorlesungen und seinem Etikettenschreiben
im Mineralienkabinett. Seine Braut blieb auf dem Pfarrhof,
nahm ihr altes Leben wieder auf und nähte an der Aussteuer. Er
lebte billig bei seiner Mutter, wo er das Zimmer mit seinem älteren
Bruder teilte. Auf diese Art gelang es ihm, von seinem Stipendiats-

und Konservatorgehalt das Nötige zurückzulegen, um sich selbständig niederzulassen. Außerdem eröffnete sich ihm die Aussicht, seine Konservatorstelle in Mineralogie gegen eine Lehrerstelle für Mathematik an der militärischen Hochschule einzutauschen, die BROCH wegen seiner vielen anderen Arbeiten aufgeben wollte. Auf diese Zukunftsaussicht hin beschlossen sie zu heiraten. Im Sommer 1859 kehrte er nach Selje zurück, um Hochzeit zu halten. Am 30. Juni wanderten er und seine Braut vor dem Hochzeitszug den prachtvollen Weg über den Seljestrand vom Pfarrhof zur Kirche, wo sie vom Vater der Braut getraut wurden. Das junge Paar blieb eine Zeitlang auf dem Pfarrhof und machte mit der Familie und den Hochzeitsgästen Ausflüge in die Umgebung. Ein Ausflug führte sie nach Erviken, dem einen der zwei äußersten Wohnorte des Stadtlandes. Es liegt direkt am Meer auf einem offenen Strand, der noch breiter ist als der Seljestrand. Viele der kleinen Häuser sind mit Pardunen festgemacht, damit sie nicht aufs Meer hinausgeblasen werden, wenn einmal ein schwerer Sturm kommt. Der kleine Kirchhof hat einen mächtigen Walfischkiefer als Tor, durch das der Pfarrer noch heutigentags einmal im Jahre zur Leicheneinsegnung hindurchschreitet. Am nächsten Tage bestiegen sie Kerringa, die westlichste Spitze des Stadtlandes, den westlichsten Berg Norwegens. Man kann sich keine eigentümlichere Aussicht vorstellen. Mehr als die Hälfte des Horizonts nimmt das Meer ein, und das übrige ist Norwegen, vom Wetter zernagt, mit Inseln und zerrissenen Felsen soweit das Auge reicht. Sie hatten die Aussicht noch nicht lange genossen. als der Lotse, der sie führte, meinte, es wäre Zeit hinabzusteigen. Und sie waren auch noch nicht weit hinuntergekommen, als der wildeste Hexentanz von Nebelfetzen um den Berg herum begann. Keiner vergaß je, wie spukhaft es wirkte. Sie stiegen nach Aarvik hinunter, dem anderen der zwei äußersten Wohnorte des Stadtlandes. SJUR AARVIK empfing sie auf das beste, schenkte allen der Reihe nach ein, zuerst allen Herren, dann allen Damen. So bekamen sie an diesem Tage einen herzhaften Gruß von Norwegens Natur und Volk.

Das war die Einleitung einer glücklichen, aber sorgenvollen Zeit. Mitte Juli zog das junge Paar in sein neues Heim nach Christiania. Sie wohnten billig in drei Zimmern des alten Familienhauses in Store Vognmandsgate, die Küche hatten sie gemeinsam mit BJERKNES' Mutter. Ihr fortgesetzter Besuch der Philharmonie brachte ihnen in bescheidenen Formen intimen Umgang mit jungen Familien, die unter ähnlichen wirtschaftlichen Bedingungen lebten wie sie selbst, u. a. mit LUDWIG LINDEMAN, der eine Zeitlang der Dirigent des Vereines war. BJERKNES hielt es für eine große Ehre, daß dieser ihn bei ihren Zusammenkünften zu seinem bescheidenen Violinspiel begleitete. Er schätzte sehr diese kleine Geselligkeit am Abend nach der angestrengten Arbeit des Tages. Die jungen Familien taten sich auch oft zusammen und zogen mit Kaffeekessel und Proviant aufs Land hinaus. Im Sommer 1860 wurde am 17. Juli ihre älteste Tochter geboren, die nach seiner verstorbenen Schwester Marie genannt wurde. Sie blieben deshalb diesen Sommer in der Stadt. Aber sonst war es eine Lebensbedingung für BJERKNES, nach der angestrengten Arbeit des Semesters hinauszukommen, wenn es nicht anders ging wenigstens auf einen kurzen Ausflug. So vertieft er gewöhnlich in seine Arbeit war, ebenso froh und unbeschwert war er, wenn er sich, meistens nach einem ganz plötzlichen Entschluß, von ihr losgerissen hatte.

Im Sommer 1861 fuhr zum erstenmal der Dampfer „Haakon Adelsteen" auf dem Kröderensee. Da überließ an einem warmen Julitag das junge Ehepaar die ein Jahr alte Marie der Großmutter und zog aus, um die neue Route kennenzulernen. Sie reisten über Krokkleven und Ringerike nach Krödsherred und blieben einige Tage in dem schönen Ort. Hier treffen wie an keiner anderen Stelle die Natur des Ost- und Westlandes harmonisch zusammen. Diese Natur zog sie seitdem beide gleich stark an.

Im März 1862 wurde der älteste Sohn geboren, der nach dem Großvater mütterlicherseits den Namen VILHELM erhielt. Die Zukunft war und blieb aber unsicher. Eine Stipendiatsstelle ist keine Lebensstellung, und die Lehrerstelle an der militärischen Hochschule war für die früheren Inhaber nie etwas anderes als ein Nebenposten gewesen. Aber am 12. Oktober 1861 erfolgte HANSTEENS Abschied. ,,Indem Seine Majestät Professor Dr. HANSTEEN den gewünschten Abschied bewilligte, geruhte S. M. dem Professor Ihre gnädigste Zufriedenheit mit seiner langjährigen und ausgezeichneten Tätigkeit als Universitätslehrer zum Vorteil der Wissenschaft und zur Ehre des Vaterlandes zu bezeugen" — steht in dem Jahresbericht der Universität. Wie vorausgesehen, folgte ihm FEARNLEY als Lektor für Astronomie. Aber jetzt war wieder die Frage offen, was aus HANSTEENS zweitem und ursprünglichem Professorat in angewandter Mathematik werden sollte. Das Ministerium teilt einfach mit, daß durch FEARNLEYS Anstellung als HANSTEENS Nachfolger in Astronomie kein Nachfolger in angewandter Mathematik außer interimistisch ernannt werden kann, und fragt nach der Notwendigkeit eines solchen Schrittes. Die Fakultät begründet eingehend die Notwendigkeit dieses Lehrstuhles, um den die Universität seit 1836 kämpft, und schließt: ,,Zu den obenstehenden Gründen erlaubt sich die Fakultät noch den hinzuzufügen, daß die Universität in Stipendiat BJERKNES einen ausgezeichneten Mathematiker besitzt, der zur Zeit die reine und angewandte Mathematik an der militärischen Hochschule vorträgt und dessen festere Verknüpfung mit der Universität ein besonderer Gewinn für diese wäre. Nachdem er acht Jahre lang Stipendiat mit 200 bis 300 Sp.-T. jährlich gewesen ist, würde es für ihn sehr niederdrückend sein, wenn jetzt ein freigewordener Lehrstuhl für Mathematik an der Universität eingezogen würde."

Die Form des Schreibens zeigt, daß ernste Gefahr für die Universität bestand, diesen Lehrstuhl endgültig zu verlieren. Aber das Resultat war, daß der König am 25. Januar 1862 gnädigst befahl, daß ein Lehrstuhl für angewandte Mathematik errichtet werde ,,mit einem Gehalt von 750 Sp.-T., das in der Liste der inzwischen bewilligten Gehälter dem nächsten Storthing vorzulegen ist" und weiter, daß BJERKNES ,,bis auf weiteres gnädigst die Anstellung in diesem Amt mitgeteilt werden solle".

BJERKNES' Stellung war also ,,bis auf weiteres" verbessert. Aber er mußte seine neue Arbeit mit einem doppelten Gefühl der

Die mathematisch-naturwissenschaftliche Fakultät 1861 bei Hansteens Rücktritt.

SCHÜBELER MÜNSTER CHRISTIE SEXE KIERULF WAAGE BJERKNES FEARNLEY
            BROCH   M. SARS   HANSTEEN   RASCH   L. ESMARK

Unsicherheit beginnen. Niemand wußte, wie der Storthingsbeschluß ausfallen würde. Und wenn die Stelle eingerichtet wurde, trat wieder die Frage auf, ob BROCH den einen oder den anderen der mathematischen Lehrstühle haben wolle. Er mußte deshalb seine Vorlesungen ganz ins Ungewisse hinein erweitern und umlegen.

An und für sich hatte er keinen größeren Wunsch, als in die angewandte Mathematik hineinzukommen, so wie er sie verstand, als Mechanik und mathematische Physik, wo die reine Mathematik ihre schönste Anwendung hat und von wo die fruchtbarste Rückwirkung auf die reine Mathematik ausgeht. Aber in der Begründung des neuen Lehrstuhls war ständig auf ihre Anwendung für das Bau- und Maschinenfach usw. hingewiesen. Er fühlte sich nicht als der rechte Mann, um diese Fächer in seine Vorlesungen aufzunehmen, und konnte in der Zersplitterung ungenügender Lehrkräfte nur eine Schwächung des eigentlichen Universitätsunterrichts sehen.

Aber er war ohne Einfluß und hatte keine Wahl. Neben den Gebieten, die er selbst als im Mittelpunkt eines Universitätsunterrichts in angewandter Mathematik stehend ansah, hielt er deshalb auch Vorlesungen über ein ihm so fernliegendes Fach wie Maschinenbau. Aber im übrigen wurde keine scharfe Grenze zwischen der reinen und der angewandten Mathematik gezogen. BROCH trug ständig sein Lieblingsthema, die rationelle Mechanik, vor, während BJERKNES dagegen einen guten Teil des Unterrichts in reiner Mathematik übernahm. Das war eine bedeutende Unterrichtslast, in der Regel neun Vorlesungen in der Woche.

Gleichwohl fand er in dieser Zeit die erste Gelegenheit, zu seinen Göttinger Ideen zurückzukehren. Im Januar 1863 lieferte er bei der Gesellschaft der Wissenschaft eine Abhandlung ein, in welcher er DIRICHLETs Kugelproblem in verallgemeinerter Form aufnimmt: Die Kugel sollte auch veränderliches Volumen haben. Sein Gedanke war, daß bei Volumveränderungen scheinbare Fernwirkungen nach dem NEWTONschen Abstandsgesetz zum Vorschein kommen müßten. Aber er unterließ vorsichtig jede Andeutung davon und von weitergehenden Plänen. Es hätte ihn disqualifizieren können, wenn er seine ketzerischen Ansichten offenbart hätte. Im übrigen trug die Abhandlung einen ganz vorbereitenden Charakter, sie war eine einleitende Übung, um wieder mit einem Stoff vertraut zu werden, der lange geruht hatte.

So ging die Zeit, bis die Eingabe um das Lektorat für angewandte Mathematik wieder im Storthing behandelt wurde. BROCH war jetzt Storthingsabgeordneter und konnte seinen mächtigen Einfluß geltend machen. Der Plan von 1813, worin zwei Professoren in Mathematik vorgesehen waren, einer für die reine und einer für die angewandte, wurde endlich durchgeführt. BROCH zog vor, in seiner Stelle als Professor für reine Mathematik zu bleiben, mit dem Vorbehalt, wie früher über seine Lieblingsthemen in der angewandten zu lesen. Aber formell sollte der Posten für angewandte Mathematik besetzt werden. Dem Storthingsbeschluß lag die Voraussetzung zugrunde, daß die Stelle zur allgemeinen Konkurrenz ausgeschrieben werden sollte. Die Universität hatte ja ständig, aber meistens vergebens, danach gestrebt, daß ihre Stellungen durch Konkurrenz besetzt werden sollten. Indessen fand Staatsrat RIDDERVOLD, daß BJERKNES jetzt lange genug gewartet hatte. Das Ministerium sprach sich dahin aus, daß „es Grund zu der Annahme habe, daß unter den Mathematikern des Landes kein älterer oder besser geeigneter bei dieser Gelegenheit in Betracht komme", und im Juni 1863 wurde BJERKNES als Lektor in angewandter Mathematik angestellt. Er war es nicht nur ohne Konkurrenz geworden, sondern auch, ohne daß er ein Gesuch um die Stellung eingesandt hätte.

Er stand in seinem achtunddreißigsten Jahr, als endlich die Unsicherheit der Stipendiatszeit vorbei war. Das Ziel, das in der langen Wartezeit immer wieder nahe schien, war immer wieder in unbestimmte Ferne gerückt worden. Das hatte ihn stark mitgenommen. Es hatte zusammen mit der angestrengten Arbeit den Grund gelegt zu den Jahren großer Schwäche, die jetzt folgten. Er hatte das Los des Stipendiaten kennengelernt. Wenn später junge Leute mit ihm darüber sprachen, ob sie den Stipendiatsweg wählen sollten, bat er sie immer, sich die Sache genau zu überlegen. Einer von ihnen, dem er dies auch seinerzeit sehr ernst zu bedenken gab, war ELLING HOLST, dessen Schicksal es wurde, daß er trotz glänzender Begabung nie sein Ziel erreichte.

Lektor, später Professor für angewandte Mathematik.
1863—69.
Der erste Fortschritt 1868.

Im Sommer 1863, gleich nach der Ernennung zum Lektor in angewandter Mathematik, begleiteten BJERKNES und seine Frau ihren Freund, den Organisten LINDEMAN, der auf einer Reise durch Telemarken Volkslieder sammeln wollte. Kurz nach ihrer Heimkehr wurde ihr drittes Kind geboren, eine Tochter, die ALETTA genannt wurde.

Mit einem Eifer und einer Freude wie nie vorher ging er in diesem Herbst an seine Arbeit, nachdem er nun endlich festen Boden unter den Füßen fühlte. Neben den Elementarvorlesungen hatte er im vergangenen Frühjahrssemester über das Gesetz der Anziehung gelesen. Nun begann er mit der Theorie der partiellen Differentialgleichungen mit Beispielen aus der mathematischen Physik. Er kehrte jetzt zu den Göttinger Ideen zurück, wo er nun endlich freie Bahn vor sich sah, um sich mit seinem großen Problem zu beschäftigen.

Vor etwa fünfzehn bis zwanzig Jahren hatten EULERS Briefe an eine deutsche Prinzessin die ersten Gedanken an dieses Problem in ihm erweckt. Volle acht Jahre waren vergangen, seit er durch DIRICHLETS Vorlesungen auf die Idee gekommen war, es von einem neuen Gesichtspunkt aus mit Hilfe exakter mathematischer Methoden anzugreifen. Und vor sechs Jahren war er ins Vaterland zurückgekehrt mit dem brennenden Wunsch, nun damit zu beginnen, aber er hatte es von sich schieben müssen. Vieles in seinem späteren Leben wäre wohl anders geworden, wenn ihm das Schicksal vergönnt hätte, damals mit einem größeren Vorrat an frischer Kraft anzufangen.

Das Weltbild der Physiker war seit Generationen dieses gewesen: Eine Unzahl von Atomen, die aus der Ferne durch den leeren Raum aufeinander wirkten. Er wollte versuchen, zu dem alten, verworfenen vor-NEWTONschen Weltbild zurückzukehren, für das EULER vergebens gekämpft hatte: Die Atome sollten keine mystische Fähigkeit mehr besitzen, aus der Ferne aufeinanderzuwirken. Statt dessen sollten sie sich in einer Flüssigkeit befinden, die den Raum ausfüllte. Die Grundeigenschaften der Atome und der Flüssigkeit sollten die drei EULERschen sein: Ausdehnung, Undurchdringlichkeit und Trägheit, wie diese durch die hydrodynamischen Gleichungen und die Grenzflächenbedingungen ausgedrückt wurden. Die Frage war, ob nicht zwischen den Atomen dieses Systems Wirkungen solcher Art auftreten würden, die wir Fernwirkung zwischen den Atomen zu nennen pflegen.

Um das Problem soweit wie möglich zu vereinfachen, nahm er an, daß alle seine Atome kugelförmig wären. In diesem Falle kannte er aus seiner einleitenden Abhandlung die Bewegung und den Druck, den jedes einzelne von ihnen bei seiner Bewegung in der Flüssigkeit hervorrief. Jetzt galt es, von dieser Lösung zu dem allgemeinen Fall überzugehen, wo alle gleichzeitig vorhanden waren. Es hieß zu bestimmen, wie die eine Kugel durch ihre Bewegung auf die andere durch die Flüssigkeit hindurch wirkte. Würde diese Wirkung eine Ähnlichkeit mit den Fernwirkungen der Natur haben?

Mit Eifer und Spannung machte er sich an die großen Rechnungen. Aber er war noch nicht weit gekommen, als er durch einen unüberwindlichen Schreibkrampf aufgehalten wurde. Er hatte ihn schon früher bei dem ermüdenden Etikettenschreiben im Mineralienkabinett bemerkt. Aber damals hatte er ihn überwinden können. Nach einer Ruhepause ging es wieder. Jetzt war es anders. Gerade mit dem Arbeitseifer kam der Schreibkrampf. Kürzere Ruhepausen halfen nicht. Fing er von neuem an, so war es gerade, als ob die Freude und Spannung an der Arbeit die Hand zum Versagen brachte. Es war nichts anderes zu machen, als die Feder fortzulegen.

Da begann seine junge Frau für ihn zu schreiben. Es ist nicht leicht, bei mathematischen Rechenarbeiten mit einem Sekretär zu arbeiten. Der Diktierende muß immer die Formeln sehen können, die der Sekretär schreibt. Aber mit gutem Willen kann man viele Schwierigkeiten überwinden. Die junge Hausmutter hatte nicht viele freie Stunden. Meistens wurde die Arbeit am Abend vorgenommen, wenn die Kleinen schliefen. Aber auch da gab es Störungen. „Jetzt schreit die Kleine." — „Ja, nur noch etwas weiter, nur noch etwas weiter." Aber das Geschrei hielt an. Da holte die junge Mutter das Kind und schrieb weiter mit ihm an der Brust. Unter solchen Umständen mathematische Probleme zu lösen, ist nicht leicht, aber es ging doch vorwärts. Aber da geschah es, daß auch sie Schmerzen in den Händen bekam, die ein Weiterarbeiten unmöglich machten. Sie mußte es ganz aufgeben, für ihren Mann zu schreiben, und jahrelang hat dieses Leiden ihr jede weibliche Handarbeit sehr erschwert.

Ebensowenig wie mit der Feder konnte BJERKNES mit Kreide schreiben. Ein Offizier unter den Zuhörern in der Hochschule und ein Student unter den Zuhörern an der Universität mußte während der Vorlesung an die Tafel schreiben. Die Vorlesungsarbeit selbst war sehr bedeutend. Neben sechs Stunden an der Hochschule las er in der Regel neun Stunden an der Universität.

Mit dieser Arbeit und mit Überlegungen, die er nicht zu Papier bringen konnte, verging der Winter. Die Familie reiste in diesem Sommer zu den Großeltern nach Selje, und er kam zu Fuß nach, als die Ferien anfingen. Aus diesem Sommer habe ich die erste Erinnerung an ihn, die ich mit Sicherheit datieren kann. Wenn die Wogen den Seljestrand hinaufspülten, lief er voran und meine Schwester und ich hinter ihm her. Es galt in einer Schlangenlinie zu laufen, nach oben, wenn die Wellen kamen, nach unten, wenn sie sich wieder zurückzogen und dabei zu rufen: „Tirre, tirre, fang mich". Das war ein bekanntes Spiel in Selje. Das Bild von Vaters flinker Gestalt, wie er mit fliegenden Rockschößen an der Spitze lief, hat sich mir für immer eingeprägt.

Die Familie reiste wieder auf dem Seeweg heim und er über Land. Es war eine ereignisreiche Tour quer über Inseln und Sunde bis Aalesund und dann durch das Romsdal und Gudbrandsdal bis zum Dampfschiff auf dem Mjösen.

Aber die Ruhe des Sommers hatte den Schreibkrampf nicht gebessert. Er mußte die erzwungene Untätigkeit fortsetzen. Das ist wohl der Grund, warum ich so viele Erinnerungen an ihn aus jener Zeit habe. Die Gegend, in der wir in dem alten Familienhaus in der Store Vognmandsgate wohnten, jetzt Karl XII.-Gate, gehörte nicht mehr zu den besten der Stadt. Betrunkene gehören zu meinen frühesten Erinnerungen. Vater fiel einmal auf der Straße, weil ein Betrunkener ihn gestoßen hatte, und verletzte sich die Hand, so daß er es längere Zeit spürte. Aber wenn es draußen auch oft ungemütlich zuging, so war innerhalb des soliden Tores auf dem geräumigen, ordentlichen Hofplatz mit Großmutters kleinem Garten und den Laubengängen, wo Vater Nordwind und Südwind mit uns spielte, eine andere Welt. Er war immer ein erfinderischer Spielkamerad. Unsere übrigen Erlebnisse bestanden in Spaziergängen an den Hafen, wo wir uns den Verkehr ansahen, und zur Festung, wo wir zusahen, wie die Enten auf dem Wallgraben schwammen, die Soldaten auf dem Festungsplatz marschierten oder eine Schar Gefangene zur Außenarbeit ging, einzelne von ihnen mit Ketten zwischen den Beinen. Aber am festlichsten fanden wir es, wenn er uns zur Eisenbahnbrücke mitnahm, wo wir standen und mit Spannung warteten, bis der Zug hinüberfuhr.

Von seinen Sorgen wegen des Schreibkrampfes und den wissenschaftlichen Arbeiten hatten wir natürlich keine Ahnung. Aber bald trat eine andere Schwäche ein, die auch für uns sichtbar war. Im Sommer 1865 war er wie gewöhnlich auf einer Fußtour, aber nach seiner Heimkehr bekam er einen zu engen Stiefel. Unpraktisch wie er war, ging er zu lange damit; seine junge Frau, die sich frühzeitig alles Praktischen annahm, war unglücklicherweise zu jener Zeit verreist. Es führte zu nervösen Schmerzen und manchmal zu einer Lähmung des rechten Fußes, die ihn zeitweise vollständig am Gehen hinderte. Der Fuß war zeitweise ebenso unbrauchbar wie die Hand, beide Leiden waren vermutlich ein Ausfluß derselben Schwäche, eines überanstrengten Nervensystems. Die verschiedensten Ärzte wurden zu Rate gezogen. Es wurde ihm unter anderem empfohlen, sich durch Reiten Bewegung zu verschaffen. Er nahm Unterricht in der Reitkunst bei dem damals bekannten Zureiter HETAGER. Aber wenn dieser ihm befahl, in einem Kreis zu reiten, gelang dies, nach der Überlieferung unter den Hochschuloffizieren, so wenig, daß sein Lehrer es für nötig hielt, dem Lektor der Mathematik zu erklären, was ein Kreis wäre.

Im Frühjahr 1865 war das vierte Kind geboren, ein Sohn, der Ernst genannt wurde nach BJERKNES' Göttinger Freunde ERNST SCHERING. Der Platz wurde eng im „Alten Haus", wie wir es später immer nannten. Die Familie zog daher im selben Herbst auf den Hof Valle, der etwas oberhalb von St. Hanshaugen liegt. Das wurde damals für ein gewagtes Unternehmen gehalten. Der Eigentümer des Hofes benutzte ihn nur als Sommeraufenthalt und zog jeden Winter in die Stadt. So sehr aller Herzen am alten Haus hingen, wurde es doch als eine große Befreiung empfunden, aufs Land hinaus zu kommen. Aber für BJERKNES, der sich am meisten darauf gefreut hatte, hatte es schlimme Folgen. Es kam ein sehr schneereicher Winter. Der Weg über das unbebaute Stück, ehe man in die Straßen der Stadt kam, wurde sehr beschwerlich, und bei diesen Märschen zur militärischen Hochschule in der Festung und von dort zur Universität und dann wieder auf den ungebahnten Wegen nach Hause setzte sich das Leiden im Fuße ernstlich fest. Er konnte sich nur mit Stock oder Krücke im Zimmer bewegen. Um seine Vorlesungen halten zu können, war er genötigt, täglich zu fahren. Die Ausgaben für diese teuren Fahrten bedrückten ihn. Das Leben auf dem Sofa war seiner Natur zuwider. Der Schreibkrampf vereitelte jeden Versuch, mit seinem großen Problem weiterzukommen. Der geistige Druck und der Mangel an Bewegung wirkte auf sein körperliches Befinden zurück. Doch versäumte er keine Vorlesung, ja im Frühjahrssemester 1866 las er sogar für BROCH, während dieser im Storting war. So wurden es zwölf Stunden in der Woche außer den sechs an der Hochschule.

Die Zuhörer jener Zeit, die ihn bleich und schwerfällig, auf einen Stock gestützt, sich zur Tafel hinmühen sahen, wo er seine Vorlesungen sitzend, mit einem Schüler als Sekretär, abhielt, glaubten nicht, daß er noch lange leben würde, haben sie erzählt.

Doch nach diesem traurigen Winter folgte eine kleine Ermunterung. Das war der Stortingsbeschluß vom 12. Mai 1866, wonach alle Lektoren der Universität zu Professoren befördert werden sollten. Ich kann mich noch an diese Begebenheit erinnern und an unsere Bemühungen, den neuen Titel zu lernen. Aber der Titel war Nebensache. Das wesentliche war die Verbesserung des Gehaltes der jüngeren Universitätslehrer. Für wenige kam dies so willkommen wie für BJERKNES.

Nachdem er den Winter 1865—1866, abgesehen von den Fahrten von und zu den Vorlesungen und den Übungen mit der Krücke im Zimmer, auf dem Sofa zugebracht hatte, konnte er wieder verhältnismäßig gut gehen. Froh und leicht begab er sich wieder auf eine Fußtour. Das Ziel war das ferne Selje und unterwegs ein langer Aufenthalt im Pfarrhof von Gloppen. Er sagte selbst, daß es seine schönste Fußtour war. Aber es war auch seine letzte. Das Fußleiden begann wieder, nicht akut, sondern chronisch. Niedergedrückt begann er wieder mit seinen Vorlesungen.

Im Januar 1867 wurde sein jüngster Sohn CARL ABRAHAM geboren. Im Sommer desselben Jahres starb seine Mutter im alten Hause, von dem sie sich nicht hatte trennen wollen. Das Haus wurde dann verkauft. Für die Einnahmen, die der Verkauf einbrachte, versuchte BJERKNES in eine Lebensversicherung einzutreten. Aber wegen seines schlechten Aussehens und vielleicht besonders wegen des Glaubens der Zeit an die Erblichkeit der Tuberkulose wurde er nicht angenommen.

Aber das kleine Erbteil war doch eine wirtschaftliche Erleichterung und eröffnete eine neue Möglichkeit. Da sein Schreibkrampf unverändert anhielt, beschloß er, einen Versuch zu machen und an sein großes Problem mit Hilfe eines bezahlten Sekretärs heranzugehen. Er hatte sich überlegt, wie er die mathematischen Entwicklungen mit Hilfe des Sekretärs ausführen könnte. Das Papier sollte in schmale Streifen geschnitten werden. Dann wollte er eine Formel diktieren, die der Sekretär auf den ersten Streifen schreiben sollte. Mit diesem vor Augen wollte er dem Sekretär die Formel für den nächsten Streifen diktieren usw. Der Versuch wurde gemacht. Ein Student erhielt eine Wohnung in der Mansarde und kam regelmäßig zum Schreiben herunter. Und siehe da, es ging.

Mit unglaublicher Mühe arbeitete er sich auf diese Art vorwärts. Die Resultate fingen an sich einzustellen, zuerst in einleitenden einzelnen Spezialfällen, später auch in den allgemeineren. Er erhielt in immer größerem Umfange die Ausdrücke für die Kräfte, die durch die Flüssigkeit von einer Kugel zur anderen wirkten. Er sah die allgemeinen Eigenschaften dieser Kräfte hervortreten. Es zeigte sich, daß sie Punkt für Punkt mit den allgemeinen Eigenschaften übereinstimmten, welche wir in der Mechanik den Fernkräften der Natur beilegen. Sie wirkten momentan in jedem Abstand. Sie wirkten unabhängig vom Bewegungszustand des Angriffspunktes. Sie wirkten in Übereinstimmung mit dem Gesetz von der Erhaltung der Kraft, was sich darin zeigte, daß man sie durch eine Kräftefunktion ausdrücken konnte. Diese Kräftefunktion hatte die charakteristische Eigenschaft, daß sie die LAPLACEsche Gleichung erfüllte. Und wenn man höhere Glieder vernachlässigte, die mit zunehmendem Abstand bald bedeutungslos wurden, so wirkten die Kräfte unabhängig voneinander, d. h. sie setzten sich nach dem Prinzip des Parallelogramms der Kräfte zusammen. Sie ließen sich daher in Einzelkräfte auflösen, die zwischen je zwei Kugeln wirkten. Und diese Einzelkräfte waren proportional den Produkten von zwei Massen, nämlich den Flüssigkeitsmassen, die die Kugeln verdrängten.

Nur in einem Punkt war ein Bruch in der durchgehenden Übereinstimmung vorhanden. Das Gesetz der gleichen Wirkung und Gegenwirkung, das wir nach NEWTON den Fernkräften zuschreiben, erwies sich im allgemeinen als nicht gültig.

Was nun auch dies letztere zu bedeuten haben mochte, so fand er doch die Resultate im höchsten Grade ermunternd. Sie befanden sich noch in einem Zustand der unklaren Gärung, als im Sommer 1868 die skandinavische Naturforscherversammlung in Christiania stattfand. Doch meldete er einen Vortrag an. Er ging in diesen Tagen ,,wie in einem Rausch" umher, hat er erzählt, überwältigt von dem, was er gefunden hatte, aber noch nicht zur Klarheit gelangt und in seinen Vorbereitungen behindert durch seine Unfähigkeit, selbst zu schreiben. Beim Vortrag hat er — sicher das einzige Mal in seinem Leben — den Faden verloren und kam nicht zu Ende. Das berührte ihn äußerst peinlich. Aber die Freude, Luft unter den Schwingen zu fühlen, überwog. Und wenn der Vortrag nicht gerade günstig gewirkt hatte, so hat doch seine Begeisterung in seinen Gesprächen mit den schwedischen und dänischen Kollegen bis tief in die Nacht hinein nicht ihre Wirkung verfehlt.

Der Fortschritt wirkte geistig und körperlich auf seine ganze Person zurück. Mit großer Vorsicht konnte er wieder anfangen zu schreiben. Und um nichts zu riskieren, führte er mit unbeugsamem Willen das Schwierigste von allem aus — er legte unbedingt die Feder nach der Uhr nieder, wie groß der Arbeitseifer und die Spannung auch waren. Auf die gleiche Weise kämpfte er gegen seine zweite Schwäche. So ungern er Aufsehen erregte, blieb er doch auf der Straße in regelmäßigen Abständen stehen und ruhte, den Fuß gegen den Stock gestützt, aus. Auf die Art gelang es ihm langsam, aber auch nur sehr langsam, diese beiden Schwächen zu überwinden, so daß sie in seinen älteren Tagen fast vergessen waren.

Während er sich so körperlich und geistig erholte und zu glauben anfing, daß er festen Boden unter den Füßen hatte auf dem Wege, den er gehen wollte, war und blieb er doch in seiner wissenschaftlichen Arbeit ein Einsamer. Er stand allein mit den Ideen, die EULERS Briefe in ihm erweckt hatten. Daß eine revolutionierende Arbeit, die von verwandten Ideen ausging, gleichzeitig in England im Gang war, wo sich eine neue Epoche der Physik, an die Namen von FARADAY und MAXWELL geknüpft, vorbereitete, davon hatten weder er noch sonst jemand hierzulande eine Ahnung.

Er war mit seinen Ideen hervorgetreten, und zwar in sehr vorsichtiger Form. Er hatte sich darauf beschränkt, das Resultat exakter, mathematischer Rechnungen vorzulegen. Und nun hatte er keinen größeren Wunsch als den, seine Resultate, soweit es möglich war, experimentell zu prüfen. Die Versuche konnten auch einen Wink geben, in welcher Richtung man die Untersuchungen am besten fortsetzen sollte. Er hielt es aber noch nicht für ratsam, sich mit dieser Sache an das Physikalische Kabinett zu wenden. In jener Zeit hätte er nicht leicht einen Physiker gefunden, der seine Pläne ernst genommen hätte. Dazu wichen sie gar zu sehr von dem ab, was man damals für gesunden Menschenverstand hielt. Jeder wußte ja, daß Wellen und turbulente Bewegungen entstanden, wenn man im Wasser herumrührte. Kein vernünftiger Mensch konnte sich denken, daß man auf die Art zu etwas Regelmäßigem kommen könnte, noch dazu zu etwas so streng Gesetzmäßigem wie die Fernkräfte der Natur. Und trotz allem, was BJERKNES aus seinen Rechnungen schließen zu können glaubte, waren Fernkräfte und blieben Fernkräfte. Nur Utopisten konnten glauben, daß man sie jemals entbehren könnte.

BJERKNES wußte, daß dies BROCHS Ansicht von der Sache war und nicht weniger CHRISTIES, der jetzt als Professor der Physik ihm am besten hätte helfen können. Aber sein Interesse lag ebenso wie BROCHS in praktischer Richtung. Sein Assistent, E. A. H. SINDING, machte im Physikalischen Kabinett Versuche über den Wasserwiderstand an Bootmodellen. Es war der erste Anfang der später von ihm und seinem Bruder gebauten Sindingboote. Diese Wissenschaft diente dem Leben. Aber wer konnte in BJERKNES' weltfernem Problem mit Kugeln im Wasser etwas entdecken, das dem Leben oder der Wissenschaft dienen konnte? Deshalb zog BJERKNES es vor, seine Experimente, so gut er konnte, in aller Stille zu Hause auszuführen. Ich erinnere mich aus jener Zeit, daß die Badewanne des Hauses auf zwei Stühlen in seinem Arbeitszimmer stand und Krocketkugeln auf der Wasserfläche schwammen. Ein einzelner Versuch, der gewisse Anziehungen und

Abstoßungen zeigte, wurde in der Gesellschaft der Wissenschaft gezeigt. Aber bei den geringen Hilfsmitteln kam nicht viel heraus. Und daß er keine starke Stellung an der Universität hatte, sollte er nur zu bald erfahren.

Übergang zur reinen Mathematik.
1869.

Unsere Universität war von Anfang an nach der, wie wir es jetzt nennen, ganz modernen englisch-amerikanischen Art angelegt. Sie sollte sowohl die Wissenschaft selbst als ihre Anwendung auf das praktische Leben umfassen. Die zweite Richtung war seit 1814 durch zwei rein technische Lehrstühle, für Bergwerkslehre und für Technologie, vertreten. Der Technologe las über die verschiedensten Gegenstände, z. B. nach dem Vorlesungsverzeichnis: „Für Mitbürger, die es lernen möchten, über die Kunst der Bierbereitung".

Aber in den Zeiten der Geldnot sank der Mut und wurde der Blick beengt. Abgesehen vom Bergstudium, verkümmerte der technische Unterricht, um schließlich ganz zu verschwinden. Der Plan war ins Wanken gekommen, und fast ein Jahrhundert sollte vergehen mit unfruchtbaren Verhandlungen über die Organisation des höheren technischen Unterrichtes — ob an der Universität oder unabhängig davon —, was ein unberechenbarer nationalökonomischer Verlust für das Land war.

Wenn der technische Unterricht an der Universität nicht wieder aufgenommen wurde, so hatte das einen doppelten Grund. Auf der einen Seite eine gewisse Furcht vor Theorie und Wissenschaft, die sowohl damals wie auch später unter den Männern des praktischen Lebens nicht wenig verbreitet war, auf der anderen Seite bei den Vertretern der Universität die sicher nicht ganz unberechtigte Furcht, daß eine Erweiterung der Universitätstätigkeit nach der praktischen Seite hin das Schicksal unserer nicht sehr fest verankerten Wissenschaftlichkeit ernstlich bedrohte. Als die Universität 1864 veranlaßt wurde, eine Erklärung über eine solche

Erweiterung abzugeben, fiel sie negativ aus, gegen eine Minorität in der Fakultät, bestehend aus BROCH, CHRISTIE, WAAGE und SCHÜBELER. Ein wichtiger Punkt im Plan der Minorität war, daß die Professorate für reine und angewandte Mathematik für den Fall der Erweiterung durch ein drittes für praktische Mechanik ergänzt werden sollten.

Diese Tatsachen lagen im Hintergrund, als 1869 an der Universität der Streit über die „angewandte Mathematik" ausbrach, der für mehrere von unseren hervorragendsten Wissenschaftlern sehr ungünstige Folgen hatte, wenn man auch niemandem eine besondere Schuld daran zuschieben kann. Der Hinweis auf praktische Ziele hatte bei der Begründung des ständig erneuerten Antrages der Universität zur Errichtung einer Lektorstelle für „angewandte Mathematik" keine geringe Rolle gespielt. In diese sehr dehnbare Bezeichnung kann man einen sehr verschiedenen Inhalt legen, je nachdem man das Gewicht mehr auf einen theoretisch-wissenschaftlichen Universitätsunterricht oder auf eine praktisch-technische Hochschulunterweisung legt. HANSTEEN hatte sich in seinem Unterricht im wesentlichen an das klassisch-theoretische Schema gehalten. BROCH machte, zuerst als außerordentlicher Lektor in angewandter, später als Professor für reine Mathematik, eine gewaltige Anstrengung, um unter Beibehaltung der theoretischen Grundlage den Wünschen der Ingenieure entgegenzukommen. Als BJERKNES als Lektor für angewandte Mathematik dazukam, wurde keine strenge Grenze zwischen den beiden Fächern gezogen. Die Gebiete der reinen und der angewandten Mathematik wurden so ziemlich gleichmäßig zwischen den beiden Lehrern verteilt. Diese Verteilung hatte BJERKNES in Göttingen und Paris vorgefunden, und sie ist noch heute an den deutschen Universitäten üblich. Aber als BROCH 1869 Marineminister wurde und sein Professorat neu besetzt werden sollte, wurde die Frage einer neuen Verteilung aufgerollt, und von den Antragstellern der Versuch gemacht, die Universität nach der technischen Seite hin zu entwickeln.

Die Universität war nicht gewohnt gewesen, daß ihre freien Stellen durch „fertige Wissenschaftler" besetzt werden konnten.

Jetzt war der glückliche Fall eingetreten, daß zwei solche zur Verfügung standen. Der eine, SYLOW, war schon sehr anerkannt in seinem Zweig der reinen Mathematik, wenn auch sein später so berühmtes „SYLOWsches Theorem" erst ein paar Jahre später veröffentlicht wurde. Der zweite, GULDBERG, hatte vor kurzem mit WAAGE zusammen das „GULDBERG-WAAGEsche Gesetz" veröffentlicht, dessen Reichweite damals noch niemand verstand, aber das später eine so fundamentale Stellung in der physikalischen Chemie einnahm. Wenn man auch nicht wußte, wie bedeutend beide waren, so war doch ihre Tüchtigkeit anerkannt. Aber ihre Verdienste lagen auf sehr verschiedenen Gebieten. Wenn man einfach die Stelle für reine Mathematik ausschreiben wollte, so hätte SYLOW sie selbstverständlich erhalten. Dachte man aber daran, daß BJERKNES die Stelle für reine Mathematik übernehmen sollte — wozu ihm unterderhand sehr geraten wurde —, so würde die Stelle für angewandte Mathematik zu besetzen sein, die selbstverständlich GULDBERG zufallen würde, vorausgesetzt, daß man in beiden Fällen den Worten „rein" und „angewandt" entscheidende Bedeutung beilegte. Wollte man dagegen die Praxis beibehalten, die bis dahin geherrscht hatte, daß keine strenge Grenze gezogen wurde, sondern der Stoff nach freier Übereinkunft zwischen den beiden Professoren verteilt wurde, so konnten beide sich melden.

Die in der Sache vorliegenden Akten beginnen mit einer Aufforderung des Kultusministeriums an die Fakultät, sich zu äußern, ehe der durch BROCHS Ernennung zum Staatsrat freigewordene Lehrstuhl zur Besetzung ausgeschrieben würde. Als die Sache in der Fakultät zur Behandlung kam, sandte BJERKNES am 26. März ein ausführliches Schreiben ein, worin er vorschlägt, daß das bis jetzt tatsächlich vorliegende Verhältnis zugrunde gelegt werden möge. Beide mathematischen Lehrstühle möchten einfach Lehrstühle für Mathematik genannt werden und die freie Stelle als ein solcher ausgeschrieben werden. Und in bezug darauf schließt er seine Eingabe:

„Ich erlaube mir hinzuzufügen, daß ich bereit bin, je nach den Umständen die reine oder die angewandte Mathematik zu übernehmen, damit die Wahl der Universität im vorliegenden Falle so frei und zweckmäßig wie möglich sein könne. Ich bin um so bereitwilliger dazu, als ich Grund zu der Annahme habe, daß sich unter diesen Verhältnissen zwei Bewerber zu der Konkurrenz melden können, die beide — und das mit Recht — als begabte und besonders tüchtige Männer angesehen werden."

BJERKNES' Darstellung ist kein stilistisches Meisterwerk. Es ist die erste schriftliche Arbeit, die ich von seiner Hand gesehen habe, die von einer schicksalschweren Schwäche zeugt: das krampfhafte Bemühen, die Gedanken zu formen, verdirbt seinen Stil. CHRISTIE und MOHN verfaßten eine Gegenschrift gegen seine Eingabe, die vom 2. April datiert ist und der sich WAAGE und SCHÜBELER anschlossen. Sie ist nicht ohne persönlichen Stachel. Sie erklären sofort, daß sie mit BJERKNES nicht einverstanden sind und fügen ironisch hinzu: „... indem wir im übrigen zugeben, daß wir, soweit wir Herrn BJERKNES' Darstellung verstehen können, mit verschiedenen seiner angeführten allgemeinen Sätze übereinstimmen, ohne daß wir indessen ersehen können, daß sie eine wesentliche Bedeutung für die Sache haben, um die es sich hier handelt."

Diese Eingabe, die übrigens stilistisch auch nicht sehr mustergültig ist, verlangt eine starke Erweiterung in der Richtung der praktischen Ziele dessen, was man unter „angewandter Mathematik" versteht. Sie wollen in diesen Rahmen Gebiete hineinbringen, die nach BJERKNES' Meinung an eine werdende polytechnische Lehranstalt gehören oder unter das speziell technische Professorat, das seine Widersacher früher vorgeschlagen hatten. Die Eingabe schließt:

„Da Herr BJERKNES sich bereit erklärt hat, in der Zukunft je nach den Umständen die „reinen oder angewandten" Gebiete der Mathematik zu übernehmen, und es bekannt ist, daß er sich in seiner Wahl nach dem Rat der Kollegen richten wird, so erlauben wir uns, unsere Meinung dahin auszusprechen, daß allen Parteien damit gedient sein würde, wenn Herr BJERKNES den jetzt freien Lehrstuhl für „reine Mathematik" übernehmen würde, und folglich ein Lehrstuhl für „angewandte Mathematik" ausgeschrieben würde."

Auf diese von CHRISTIE und MOHN verfaßte Eingabe schickt BJERKNES unter dem 7. April eine Antwort, die er — in der Eile — in klarer, scharfer Sprache abgefaßt hat, und wo er energisch vor „einer nur halb durchgeführten Neuordnung" warnt, die sich nach beiden Seiten unbefriedigend zeigen muß. Bei der darauffolgenden Behandlung in der Fakultät fielen gleich viele Stimmen auf beiden Seiten. Aber wegen der ausschlaggebenden Stimme des Dekans wurde CHRISTIE und MOHNS Schreiben als die Erklärung der Fakultät angesehen. Doch der akademische Senat nahm den anderen Standpunkt ein. In einer wohltuend klaren Darstellung hebt er hervor, wie bedenklich es im allgemeinen ist, den einzelnen Fächern zu enge Grenzen zu ziehen, und empfiehlt die von BJERKNES vertretene freiere Ordnung. So ging die Sache ans Kultusministerium, welches aber den Vorschlag des Kollegiums als eine formelle Neuordnung ansah, die erst dem Storthing vorzulegen wäre. Dies würde aber das Ministerium erst tun, wenn es ausdrücklich verlangt würde. Darauf bestand das akademische Kollegium aber nicht, und die Sache wurde an die Fakultät zurückgeschickt, damit BJERKNES seine Wahl treffen konnte.

Wie die Lage sich entwickelt hatte, sollte er in Wirklichkeit nicht die Wahl treffen, ob er die Stelle, die er bis jetzt gehabt hatte, behalten wollte oder nicht, sondern ob er einer Trennung zwischen der reinen und der angewandten Mathematik zustimmte, wobei in der Definition der letzteren der Schwerpunkt in der Richtung des Praktisch-Technischen verschoben wurde. Er fand, daß er unter diesen Umständen eine Stelle nicht behalten konnte, von der ihm eine Gruppe von Kollegen in nur allzu klaren Worten erklärt hatte, daß sie ihn nicht für geeignet dafür hielt, und gab folgende Antwort:

„Aus Anlaß des Schreibens des Kollegiums vom 17. Mai, worin ich aufgefordert werde, mich zu entscheiden, ob ich die freigewordene Stelle in reiner Mathematik übernehmen will oder in meiner jetzigen Stellung verbleiben, will ich nicht unterlassen, folgendes zu erklären: Da ich keine Möglichkeit sehe, daß die Angelegenheit der mathematischen Lehrstühle so geordnet wird, daß die Gebiete der mathematischen Wissenschaft freier und den Umständen angepaßt kombiniert und verteilt werden können, so möchte ich unter den jetzigen Verhältnissen lieber die reine Mathematik übernehmen, als die angewandte Mathematik vortragen, wenn sie gänzlich von ihrer natürlichen Grundlage getrennt wird.

In Übereinstimmung hiermit erkläre ich mich also bereit, das freie Professorat in reiner Mathematik zu übernehmen, auf das ich aus den vorher angeführten Gründen überzugehen wünsche."

Darauf wurde BJERKNES am 5. Juli zum Professor der reinen Mathematik ernannt. Und da nun der Lehrstuhl für angewandte Mathematik ausgeschrieben wurde, war SYLOW durch den Verlauf der Sache ausgeschlossen worden. GULDBERG wurde am 17. September ohne Konkurrenz zum Professor in angewandter Mathematik ernannt.

GULDBERG war nicht als der Entdecker des GULDBERG-WAAGEschen Gesetzes berufen, sondern weil man von ihm nach seinen Auslandsstudien erwartete, daß er bei der Universität eine Entwicklung in technischer Richtung einleiten werde. Er gab auch seinem Unterricht einen mehr technischen Zuschnitt, als man es sonst an Universitäten gewohnt ist. Aber gegenüber dem eigentlichen Zweck der Sache war das Ganze ein Stoß in die Luft, ein Ausschlag unserer schwankenden Politik in der Frage des höheren technischen Unterrichtes in unserem Lande. Zu irgendeiner Ausbildung von Ingenieuren an der Universität führte es nicht, abgesehen von der fortlaufenden Ausbildung der Bergleute. Es blieb eine „halb durchgeführte Neuordnung", deren einzige Folge war, daß die wissenschaftlich und pädagogisch so wertvolle Einheit des Mathematikunterrichtes verlorenging.

GULDBERG hatte in seiner Stellung keine Gelegenheit, auf dem Gebiet zu lehren, auf dem seine große wissenschaftliche Leistung lag. Ebenso ungünstig ging es BJERKNES. Er konnte jetzt nicht mehr seinen Unterricht auf demselben Gebiet erteilen, auf dem er seine wissenschaftlichen Arbeiten ausführte, in der angewandten Mathematik in dieses Wortes bester Bedeutung.

Aber die traurigste Folge war die, daß ein Mathematiker von Sylows Rang vierzig Jahre als Oberlehrer in Frederikshald sitzen mußte. Erst 1898 kam er — als Pensionist — an die Universität. Wenn man nach der für ihn so unglücklichen Entscheidung von 1869 daran gedacht hatte, etwas für ihn zu tun, so zerfiel das auf jeden Fall in nichts, als Sophus Lie auftauchte und alle Aufmerksamkeit auf sich zog. Dieser bekam schon 1872, dreißig Jahre alt, auf Brochs Initiative eine persönliche Professur. Im selben Jahr trat auch Broch als Minister zurück und erhielt seine Ministerpension in Form eines persönlichen Professorats in Mathematik. Da er aber gerade jetzt seine Arbeit im Bureau International des Poids et Mesures in Paris begann, lag sein Arbeitsgebiet jetzt fern von der Universität. Aber trotzdem waren die vielen Professorate, die nach dem Staatsbudget an unserer Universität vorhanden waren, leider ein entscheidendes Hindernis für jeden Versuch, etwas zugunsten Sylows zu unternehmen.

Der Gedanke stimmt wehmütig, wieviel glücklicher es für unsere Universität gewesen wäre, wenn nicht die Arbeit eingesetzt hätte, welche die angewandte Mathematik in eine technisch-praktische Richtung drängen wollte. Sylow wäre dann Professor für die reine Mathematik geworden und Bjerknes in der angewandten verblieben. Und — was man damals nicht voraussehen konnte — Guldberg hätte nicht wie Sylow vierzig Jahre warten müssen, sondern nur vier, bis er an die Universität gekommen wäre. 1873 starb unerwartet Christie. Guldberg wäre da selbstverständlich sein Nachfolger geworden und hätte damit die Stellung erhalten, die seiner physikalisch-chemischen Richtung am meisten lag. Alle hätten in dem Fach wirken können, an das sie durch ihre wissenschaftlichen Arbeiten geknüpft waren. Die mathematisch-physikalischen Wissenschaften hätten so eine Besetzung gehabt, um die uns jede Universität beneiden konnte. Aber ein solches Glück war unserer Universität nicht beschert.

Die Zeit von 1870—80.
Der entscheidende Durchbruch 1875.

Im Herbst 1868 zog die Familie aus dem Hof Valle wieder in die Stadt. Dies war wegen BJERKNES' Fußleiden notwendig geworden. Alle waren betrübt und niedergedrückt, weil sie nun wieder auf die Straßen der Stadt angewiesen waren. Das Ermunterndste an unserer Wohnung in der Rosenkrantzgate Nr. 2 war der Umstand, daß BJÖRNSTJERNE BJÖRNSON unser Gegenüber in Nr. 3 war. Jeden Morgen sahen wir ihn die Fenster öffnen und des Tages Arbeit mit kräftigem Turnen in Hemdsärmeln am offenen Fenster beginnen. Aber zu einer näheren Bekanntschaft führte diese Nachbarschaft nicht. BJÖRNSON zog bald nach Aulestad, und im Frühjahr 1870 war BJERKNES' Fuß so viel besser geworden, daß wir wieder in eine ländlichere Umgebung ziehen konnten.

An Fußtouren konnte BJERKNES nicht mehr denken. Statt dessen zog die ganze Familie im Sommer aufs Land, das war der einzige Luxus, der unter den ständig drückenden wirtschaftlichen Verhältnissen in Frage kam. Im Sommer 1869 wohnten wir in Hvitsten, und im Sommer 1870 wohnte die Familie in Asker, während BJERKNES auf den Rat des Doktors eine Seereise machte, um eine Schwäche in den Augen zu heilen, die ihm bei der Arbeit sehr hinderlich war. Sicher war dies auch eine der Schwächen, die durch die allzu starke Anstrengung in der Stipendiatszeit entstanden war. Am 29. Juni reiste er mit der Brigg „Cito" von Christiania ab. Am ersten Tag kamen sie bis Spro, wo sie drei Tage vor Anker liegen blieben, weil der Kapitän nicht das Schleppen durch den Dröbaksund bezahlen wollte. Da kam ein starker Nordwind, der sie in einem Zug bis Färder brachte. Dann kreuzten sie gegen den Wind oder lagen in Nebel und Flaute still, bis sie sich am 15. Juli dem Kanal näherten. Da trafen sie vier große französische Kriegsschiffe, die nach Osten dampften, und wunderten sich darüber, was das bedeuten sollte. Als sie von zu Hause abreisten, hatte tiefer Frieden geherrscht. Als sie am 17. in Dieppe an Land kamen, hörten sie, daß Frankreich gerade Deutschland den Krieg erklärt hatte. Er sah die Kriegsbegeisterung der ersten Tage, wo die Soldaten blumengeschmückt unter den Rufen ,,Nach Berlin!" ausrückten und begeistert die Marseillaise sangen, die bis dahin im Kaiserreich verboten war. Er sah auch nach den ersten Treffen einen Zug Verwundeter einlaufen. Aber im übrigen kam er nicht in so nahe Berührung mit den Begebenheiten wie SOPHUS LIE, der bekanntlich gefangengesetzt wurde, da man ihn für einen deutschen Spion hielt. Er lebte vergnügt und friedlich zusammen mit norwegischen Schiffskapitänen, bis er am 26. mit der Bark ,,Ansgar" wieder abreiste, die nach Kopenhagen sollte. Es wurde wieder ein ewiges Kreuzen gegen den Wind oder Stille und Nebel, so daß sie erst am 15. August Kopenhagen erreichten. Das war ein großer Ärger für den Kapitän, denn es war seine längste Reise über die Nordsee. Aber für BJERKNES' Augen und seine Gesundheit war sie ausgezeichnet gewesen.

Im Sommer 1871 wohnten wir in Krödsherred. Seit dem Besuch von 1861 hatte die dortige Natur meine Eltern immer angezogen. Seitdem betrachteten wir Krödsherred als unser Sommerheim. In dieser Natur ging es BJERKNES so gut wie nirgends sonst. Er hatte seine Arbeit immer mit, denn die Ferien waren seine besten Arbeitszeiten. Aber um weder Hand noch Fuß zu überanstrengen, wechselte er mit strenger Regelmäßigkeit zwischen Schreibarbeit und vorsichtigen Spaziergängen oder Ausflügen mit dem Boot ab. Auf die Art kam er nach und nach weit herum. Am schönsten waren die Ausflüge auf das Norefjeld, zu Pferde, mit der ganzen Familie. Dort kannten wir jeden Stein. Bei diesem Leben gewann er Freunde auf allen Höfen der Gegend. Der Gemeindepfarrer, ein früherer Universitätsstipendiat, war einer seiner Freunde aus der Studentenzeit. Die Gemeinde war stolz auf ihn. Und nicht weniger stolz war sie auf seinen Vorgänger, JÖRGEN MOE, den Volksdichter und Sammler von Volksmärchen. Es waren viele Worte von ihm in der Gemeinde aufbewahrt. Einmal kamen wir nach Spilhaug, das hoch über dem See liegt, wo der Krödersee seine stärkste Biegung macht. Wir standen und sahen uns die

Aussicht an, unten lag der See und auf der anderen Seite das Norefjeld mit weißen Schneeflecken, und konnten uns nicht entschließen, gleich hineinzugehen, wozu der Mann uns aufforderte. Da lächelte er und sagte: ,,Ebenso war es mit Pfarrer MOE. Er bat um einen Stuhl, um draußen zu sitzen und die Aussicht anzusehen. ‚Es wohnen nicht viele Könige so wie du, ANDERS‘, sagte er."

In der Stadt und während der Ferien auf dem Lande arbeitete BJERKNES ständig an seinem Problem. Die Resultate von 1868 über die Eigenschaften der hydrodynamischen Kräfte waren ermunternd. Aber gleichzeitig sah die Ungültigkeit des ,,Gegenwirkungsprinzips" wie ein unheilbarer Bruch aus. Dahinter schien eine eigentümlich gebrochene, fliehende, verdrehte Gleichheit mit speziellen Fernkräften, wie denen des Magnetismus, zu stecken. Man konnte nach gewissen, äußerst kunstvollen Regeln die Wirkung von Kugel zu Kugel in der Flüssigkeit mit der Wirkung eines Magneten auf einen anderen Magneten vergleichen. Es traten ermunternde Zeichen von Gleichheit auf, aber in verdrehter Form. Es war wie Zauberei, die lockte und narrte.

Um Klarheit zu gewinnen, kehrte er immer wieder zu einfachen Experimenten zurück. An der Decke seines Arbeitszimmers hing lange Zeit ein aufgeblasener Gummiballon, wie man ihn damals auf dem Markt in Christiania kaufen konnte. Er beobachtete seine Bewegungen, wenn er in seiner Nähe einen Fächer bewegte. Man sieht leicht, daß der Ballon auf jede Bewegung des Fächers reagiert, aber auf eine höchst eigentümliche Weise. Ein Ruck mit dem Fächer ruft immer einen entsprechenden Ruck des Ballons hervor, aber er ist hier so stark vermindert, daß er sich leicht der Aufmerksamkeit entzieht. Aber der Ballon hält nicht in dem Augenblick an, in dem der Fächer anhält. Dem übertragenen Ruck, der ebenso intensiv wie kurz ist, folgt in der Regel eine schwache, fortschreitende Bewegung, die viel langsamer als der Ruck, aber deutlicher sichtbar ist, weil sie etwas anhält. Es sah aus, als ob die Kräfte, die dieses verwickelte Resultat hervorbrachten, einen eigentümlich launenhaften und verwickelten Charakter haben müßten. Sollten dennoch die Skeptiker recht haben, daß es hoffnungslos sei, hier nach etwas so einfach Gesetzmäßigem wie die Fernkräfte der Natur zu suchen?

Aber er konnte nicht aufgeben. Zuerst mußte er die mathematischen Resultate von 1868 ganz ausarbeiten. Er hatte sie ohne Beweis mitgeteilt, und sie waren noch in vielen Richtungen zu verallgemeinern. Von einer geplanten Reihe von Abhandlungen „Sur le mouvement simultané de corps sphériques variables dans un fluide indéfini et incompressible" wurde Nr. 1 in den Abhandlungen der Gesellschaft der Wissenschaften 1871 gedruckt. Sie war breit angelegt und löste die erste einleitende Aufgabe, „das Geschwindigkeitspotential" für die Bewegung zu bestimmen, die eine beliebige Anzahl von Kugeln in der Flüssigkeit hervorbrachten. Die nächste Abhandlung sollte die feineren mathematischen Methoden behandeln, die in der weiteren Bearbeitung des Problems zur Anwendung kommen sollten. Sie betraf vor allem eine Verallgemeinerung der Theorie der Kugelfunktionen, übergehend von dem bekannten Fall, wo diese Funktionen einer einzelnen Kugel entsprechen, zu dem verallgemeinerten Fall, wo sie einem System einer beliebigen Anzahl Kugeln entsprechen. Er zweifelte nicht daran, daß diese Theorie ein nützliches Hilfsmittel bei vielen Problemen außer seinem eigenen werden konnte. Aber ehe er sich entschlossen hatte, die fast fertige Abhandlung in die Druckerei zu schicken, kam der Umschlag, der seine Aufmerksamkeit ganz von der mathematischen Seite des Problems fort- und in eine rein physikalische Richtung zog.

Ein äußerer Zufall gab den Anlaß zu diesem Umschlag. Im Frühjahr 1875 bekam er das erste Heft von KIRCHHOFFS später so bekannter Mechanik zu Gesicht. Es zeigte sich, daß dieser bedeutende Theoretiker einen Spezialfall des Problems behandelte, dessen Lösung BJERKNES längst besaß. Als ein Rechenbeispiel in seinem Unterricht hatte er die Bewegung zweier Kugeln von unveränderlichem Volumen in einer Flüssigkeit behandelt. Nichts deutete darauf hin, daß er dieselben Ziele wie BJERKNES verfolgte. Aber er war auf die eigentümlich verdrehte Ähnlichkeit mit dem Magnetismus gestoßen und hatte sein Resultat fast mit denselben

Worten formuliert. In einem Punkte stimmten sie aber nicht ganz überein. Beim Durchrechnen der Sache fand BJERKNES, daß die Ursache ein an sich ganz unbedeutender Rechenfehler bei KIRCHHOFF war. Er schrieb ihm und machte ihn darauf aufmerksam und erhielt eine sehr liebenswürdige Antwort[1]. Nun stimmte alles genau, und es schien damit nichts Neues gewonnen zu sein.

Aber für BJERKNES sollte doch die Beschäftigung mit der Rechnung eines anderen, die dasselbe Resultat ergab, von entscheidender Bedeutung werden. Es bestand nämlich ein Unterschied in der Methode. Die Kraft, welche die Flüssigkeit auf die Kugel ausübte, hatte KIRCHHOFF nach dem Vorbild von THOMSON (Lord KELVIN) und TAIT nicht aus dem Druck der Flüssigkeit abgeleitet, sondern aus ihrer Energie. Dadurch fand er von Anfang an die Kraft in eine Summe von zwei Gliedern geteilt, die zusammen das Endresultat ergaben, bei dem beide stehengeblieben waren. Doch BJERKNES verfiel jetzt darauf, diese beiden Glieder jedes für sich anzusehen, ohne sie sofort zusammenzusetzen — und das gab ihm einen ganz anderen Blick für das, was in der Formel verborgen war. Und nicht nur diese eine Formel ließ sich auf diese Weise als eine Summe zweier charakteristisch verschiedener Glieder umschreiben; er konnte dies bei allen Formeln für hydrodynamische Kräfte tun, die er seit 1868 gefunden hatte. Alle verdrehten und verwirrenden Resultate, die diese Formeln augenscheinlich enthielten, ordneten sich dadurch zu schönster Harmonie. Eine ganz neue Welt eröffnete sich ihm.

Die zwei Glieder der Formeln stellten zwei wesentlich verschiedene Teilkräfte dar, die in der Dynamik des Systems eine wesentlich verschiedene Rolle spielten. Bei dem Experiment mit dem Fächer und dem Ballon z. B. übertrug die eine Kraft den Ruck — er nannte sie von jetzt an die induzierende Kraft — und die andere die fortgesetzte Bewegung — wir können sie die bewegende Kraft nennen. Die induzierende Kraft hatte, so wichtig sie für die Dynamik des ganzen Systems war, eine eigentümliche

---

[1] In den späteren Ausgaben des bekannten Buches war der Fehler unter Hinweis auf BJERKNES' Arbeiten berichtigt.

Fähigkeit, Wirkungen hervorzubringen, die sich unter Umständen ganz jeder Beobachtung entziehen konnten. Die bewegende Kraft dagegen brachte Wirkungen hervor, die nicht verborgen bleiben konnten. Die im Verborgenen wirkende Induktionskraft wirkte unabhängig vom Gegenwirkungsprinzip. Die bewegende Kraft dagegen erfüllte dieses Prinzip genau und besaß alle die Eigenschaften, die man den Fernkräften der Natur beizulegen pflegt.

Und gleichzeitig mit der Auflösung des Paradoxons des Gegenwirkungsprinzips veränderte sich die fliehende und verdrehte Ähnlichkeit mit den Fernkräften des Magnetismus und der Elektrostatik in eine vollkommen klare Gleichheit eigentümlicher Art. Die bewegende Kraft, die in dem hydrodynamischen System von Kugel zu Kugel wirkte, konnte man durch genau dieselben Formeln ausdrücken, wie wenn die Kugeln elektrisch geladen oder Magnete gewesen wären, nur mußte man immer das Vorzeichen der Formel verändern, wenn man vom elektrischen oder magnetischen Fall zum hydrodynamischen überging. Mit anderen Worten: Die Kraftrichtung war immer entgegengesetzt. Abgesehen von diesem umgekehrten Charakter der Kraft war die Gleichheit mit den Kräften des Magnetismus oder der Elektrostatik eine absolute. Die früher verworrene Ähnlichkeit war durch eine klar durchgeführte Gleichheit ersetzt in negativer oder Spiegelbildart. Der ganze Unterschied bestand in dem Einen, dem umgekehrten Charakter der Kraft.

Das einfache Prinzip des Vergleiches des hydrodynamischen mit einem magnetischen System galt für jede Phase der Bewegung der Kugeln. Nur mußte man für jede neue Bewegungsphase ein neues magnetisches Vergleichssystem anwenden. Aber eine außerordentliche Vereinfachung trat ein, wenn man schwingende Bewegungen der Kugeln betrachtete, bei denen alle Schwingungen streng im Takt vor sich gingen. Man unterscheidet dabei zwei Arten von Schwingungen, periodische Volumänderungen oder Pulsationen und periodische Lageänderungen oder Oszillationen. Die Pulsationen können gleich sein, so daß zwei Kugeln sich gleichzeitig ausdehnen und gleichzeitig zusammenziehen, oder entgegengesetzt, so daß die eine sich ausdehnt, wenn die andere sich zusammenzieht und umgekehrt. In gleichem Takt pulsierende Kugeln kann man mit Magnetpolen mit gleichem Vorzeichen vergleichen. Die oszillierenden Körper kann man mit kugelförmigen Magneten vergleichen, die eine magnetisch positive und eine magnetisch negative Halbkugel besitzen. Die Halbkugeln, die sich bei den Schwingungen gleichzeitig vorwärts bewegen, kann man dann mit Halbkugeln vergleichen, die Magnetismus von gleichem Vorzeichen besaßen.

Hielt er sich nun in seinen alten Formeln an die Kräfte niedrigster Ordnung, die umgekehrt wie die zweite, dritte und vierte Potenz des Abstandes abnahmen, so konnte er von den Wirkungen der Induktionskraft ganz absehen. Sie erzeugt nur

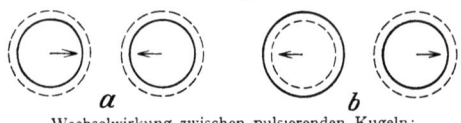

Wechselwirkung zwischen pulsierenden Kugeln:
a Anziehung.   *b* Abstoßung.

unsichtbare und dadurch bedeutungslose induzierte Schwingungen. Die bewegende Kraft dagegen gab eine lange Reihe von in die Augen fallenden Resultaten.

Gleichartig pulsierende Kugeln ziehen sich an, entgegengesetzt pulsierende Kugeln stoßen sich ab, mit einer Kraft, die proportional dem Produkt der beiden Pulsationsintensitäten ist und die umgekehrt wie das Quadrat des Abstandes abnimmt.

Vergleicht man die Pulsationsintensitäten mit elektrischen Ladungen, so kommt man auf COULOMBS Gesetz der Anziehung oder Abstoßung zwischen elektrisch geladenen Körpern, nur mit entgegengesetztem Vorzeichen für die Kraft. Um gleichzeitig die Gleichheit und den Unterschied zu betonen, kann man die Pulsationsintensitäten die hydroelektrischen Ladungen nennen. Während man Abstoßung bei gleichnamigen und Anziehung bei ungleichnamigen elektrischen Ladungen hat, trifft man umgekehrt Anziehung bei gleichnamigen und Abstoßung bei ungleichnamigen hydroelektrischen Ladungen.

Vergleicht man die Pulsationsintensitäten mit magnetischen Polintensitäten, so findet man, daß das Gesetz der pulsierenden Kugeln mit dem COULOMBschen Gesetz der Anziehung und Abstoßung zwischen Magnetpolen identisch ist. Nur haben wir wieder die entgegengesetzte Richtung der Kraft: Während gleichnamige Magnetpole sich abstoßen und ungleichnamige Magnetpole sich anziehen, gilt das Entgegengesetzte für das, was man die hydromagnetischen Pole nennen kann.

Endlich erlaubt die Form des Gesetzes auch einen Vergleich mit der fundamentalsten aller Fernwirkungen, der Gravitation.

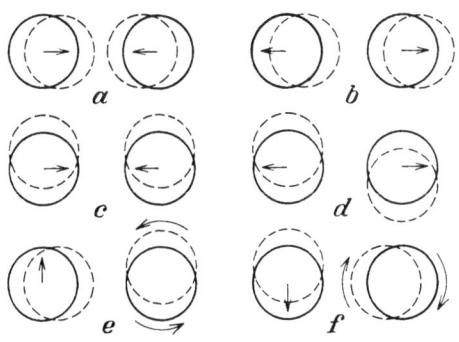

Wechselwirkung zwischen oszillierenden Kugeln:
a Anziehung.   b Abstoßung.
c Anziehung.   d Abstoßung.
e und f Verschiebung und Drehung.

Man kann nämlich den Fall herstellen, wo die Pulsationsintensitäten proportional der trägen Masse der pulsierenden Körper sind, und in diesem Fall ist das Gesetz der pulsierenden Kugeln identisch mit dem NEWTONschen Gesetz der Schwere.

Das Gesetz, nach dem pulsierende Kugeln in einer Flüssigkeit aufeinanderwirken, ladet also zu einem Vergleich mit den wichtigsten Fernkräften der Natur ein. Geht man dann zu den oszillierenden Kugeln über, so sieht man, daß das Gebiet der möglichen Vergleiche sich erweitert und auf Kraftwirkungen erstreckt, die einen viel verwickelteren Charakter haben. Die oszillierende Kugel verhält sich nämlich zur pulsierenden wie ein Magnet zum Magnetpol, und zwei oszillierende Kugeln verhalten sich gegeneinander wie zwei Magneten mit allen ihren verschiedenen anziehenden, abstoßenden, verschiebenden und drehenden Kraftwirkungen, die man durch alle möglichen Zusammenstellungen eines Magnetpoles mit einem Magneten oder von zwei Magneten erhalten kann; nur wirken die oszillierenden Kugeln oder Hydromagneten nach dem umgekehrten Polgesetz, das eine Anziehung zwischen gleichnamigen und eine Abstoßung zwischen ungleichnamigen Polen ergibt.

Es war sonderbar für ihn, sich jetzt vorzustellen, daß diese ganze Welt von neuen, klaren Resultaten ganze sieben Jahre lang in seinen Formeln verborgen gewesen war, ohne daß er darauf aufmerksam geworden war. Aber das wiederholt sich immer. Neue, unentdeckte Naturwunder umgeben uns von allen Seiten. Wir gehen blind an ihnen vorbei. Aber ein glücklicher Zufall kommt dem Suchenden zu Hilfe. Und in diesem Fall war er nicht allein blind gewesen. KIRCHHOFF war dicht daran vorbeigegangen, und WILLIAM THOMSON (Lord KELVIN) hatte einzelne Bruchstücke der vollen Analogie bearbeitet, ohne ihren Umfang zu erkennen.

Die Resultate, die er jetzt nach langem Suchen gewonnen hatte, waren von der Art, wie sie die Phantasie in Bewegung setzen. Sie hatten seine kühnsten Erwartungen aus der Zeit, wo er den Plan für seine Arbeiten faßte, übertroffen. Aber es ging wie bei jedem großen Fortschritt: Hinter den gelösten entstehen neue, ungelöste Rätsel.

Von Anfang an hatte er an die Schwerkraft gedacht. Jetzt konnte er ohne weiteres Fälle konstruieren, die ein exaktes, hydrodynamisches Bild dieser Kraft darstellten. Wenn die Welt aus identischen Atomen besteht, die in gleicher Phase und mit gleich großer Amplitude pulsieren, so sind die Pulsationsintensitäten proportional der trägen Masse der Atome, und es entsteht eine allgemeine Anziehung, genau nach dem NEWTONschen Gravitationsgesetz. Das Beispiel zeigt, daß man sich eine Kraft wie die Schwerkraft als eine durch ein Medium vermittelte Wirkung vorstellen *kann*. Aber wenn man diese Erklärung annimmt, so tritt sofort eine neue Frage auf: Was sichert den Pulsationen sämtlicher Atome die gleiche Phase und die gleiche Amplitude? Hier hat man vorläufig keinen anderen Ausweg, als sich eine passende Hypothese *ad hoc* auszudenken, die so lange in der Luft schwebt, bis es gelingt, aus ihr Schlüsse zu ziehen, die man einer unabhängigen Probe unterwerfen kann. Man sieht aus seinen Papieren der nächsten Jahre, daß er sich mit verschiedenen solchen Ideen beschäftigt hat. Ein Beispiel ist folgendes: Man kann sich vorstellen, sagt er, daß sich durch den fast inkompressiblen Weltäther Kompressionswellen fortpflanzen, deren Wellenlängen im Verhältnis zur Ausdehnung der Sonnensysteme groß sind. Dadurch werden in jedem Sonnensystem die kompressiblen Atome gezwungen, genau auf die verlangte Art zu pulsieren. Das würde die Schwerewirkungen in jedem Sonnensystem ergeben. Und wenn man die Kompressionswellen genügend lang annahm, so würde die Wirkung sich auch von Sonnensystem zu Sonnensystem erstrecken. Eine solche Wellentheorie für die Gravitation bildet ein eigentümliches Gegenstück zu LE SAGES bekannter Korpuskulartheorie für die Gravitation. Mit gleichem Resultat für die Kraftwirkung kann man LE SAGES „ultramundanen Strom" von Korpuskeln, der durch einen leeren Weltraum läuft, durch ultramundane Wellen ersetzen, die sich in einem gefüllten Weltraum fortpflanzen. Dieses Beispiel gesellt sich schlagend zu den vielen bekannten, die die merkwürdige Gleichwertigkeit von Korpuskular- und Undulationstheorien dartun. Aber in BJERKNES' gedruckten Arbeiten findet man keine Hinweise auf solche Spekulationen. Jede Hypothese *ad hoc*, die man keiner genauen Probe unterwerfen konnte, war ihm zuwider. Er beschäftigte sich wohl damit im stillen, aber wenn er zur Veröffentlichung schritt — was er leider in gar zu geringem Maße tat —, wollte er nur mathematisch und experimentell streng bewiesene Tatsachen vorlegen. Und er hatte jetzt mehr als genug Stoff von solcher unantastbaren Art[1].

---

[1] Ich weise hier ein für allemal auf ARTHUR KORNS Arbeiten hin, die ihren Ausgangspunkt gerade von dem Problem nehmen, aus dem Gesetz der pulsierenden Kugeln eine Theorie der Gravitation zustande zu bringen.

Während die Schwerkraft in vornehmer Zurückgezogenheit als ein unnahbarer Aristokrat dasteht, ohne Verbindung mit anderen Naturerscheinungen, zeichnen sich die elektrischen und magnetischen Phänomene durch ihre demokratische Vielfältigkeit und ihre allseitigen Verwandtschaften mit den verschiedensten Naturerscheinungen aus — ich benutze hier Ausdrücke, die mir aus den Gesprächen mit meinem Vater aus den nächstfolgenden Jahren in Erinnerung geblieben sind. Um so bemerkenswerter fand er die eigentümliche Zwischenstellung, die die hydrodynamischen Erscheinungen zwischen der Schwerkraft und dem elektrischen und magnetischen Erscheinungskomplex einnahmen. Soweit sich die Untersuchungen damals erstreckten, stimmten die hydrodynamischen Kraftwirkungen haargenau mit den elektrostatischen oder den magnetischen Kraftwirkungen in ihrer reichen Mannigfaltigkeit überein, nur mit dem einen durchgehenden Unterschied der umgekehrten Kraftrichtung. Und gerade diese umgekehrte Kraftrichtung gab die Verbindung mit der Schwerkraft.

Um so mehr wurde diese umgekehrte Kraftrichtung das aufreizende Paradoxon. Dieses Paradoxon stand als ein endgültiges Hindernis allen *unmittelbaren* Versuchen entgegen, auf den hydrodynamischen Erscheinungen eine Theorie der elektrischen oder magnetischen Erscheinungen aufzubauen. Aber gleichzeitig öffnete dieses Paradoxon den Ausblick auf die Schwerkraft. Und verbirgt nicht die Natur gerade ihre tiefsten Geheimnisse hinter den herausforderndsten Paradoxen, wie beim Paradoxon der Fernwirkung?

Sieht man sich nun diese entgegengesetzte Kraftrichtung an und für sich an, so kann man in ihr keinen eigentlichen Bruch in der Analogie zwischen den hydrodynamischen und den elektrischen Erscheinungen erkennen. Die geringste Nichtübereinstimmung anderer Art, ein noch so kleiner Wertunterschied zwischen zwei korrespondierenden Koeffizienten wäre ein unheilbarer Bruch gewesen. Aber davon war hier nicht die Rede. Der Unterschied bestand nur in der immer entgegengesetzten Kraftrichtung. Und die Richtung einer Kraft läßt sich leicht umkehren. In der Technik erreicht man das durch einen Hebel, einen Flaschenzug oder ein Zahnrad. Die Schwere läßt sich nach dem archimedischen Prinzip umkehren: Ein Holzkörper fällt in der Luft und steigt im Wasser. Oder von der *Lex tertia* der Mechanik, dem Gegenwirkungsprinzip aus gesehen: Wirkt die Flüssigkeit auf die Kugel mit einer der elektrischen entgegengesetzten Kraft, so wirkt die Kugel auf die Flüssigkeit mit einer der elektrischen gleichen Kraft. Den elektrischen oder magnetischen direkt gleiche Kräfte sind also im hydrodynamischen System vorhanden, aber im Verborgenen als Gegenkräfte. Aber wenn sie überhaupt vorhanden sind, kann man sich auch Fälle vorstellen, wo durch eine Reflexwirkung die Gegenkräfte die sichtbaren Bewegungen hervorrufen. Bei zusammengesetzten, nach einem modernen Ausdruck „gekoppelten" Systemen mußte ein solcher Fall eintreffen können. Bei jeder Koppelung treten Kraft und Gegenkraft auf, und es kommt auf die Art der Koppelung an, wann die direkte und wann die umgekehrte Kraft für die Bewegung verantwortlich sein wird. Und nimmt man an, daß die elektrischen Erscheinungen als ein unter verwickelteren Umständen gültiges Umkehrungsresultat aus den hydrodynamischen Erscheinungen entstanden sind, so öffnet sich die Möglichkeit einer großartigen Einheitlichkeit. Man besitzt dann sowohl das zusammenhaltende Prinzip, die Anziehung zwischen dem Gleichartigen, welches die Grundlage der Natur bilden muß und zur Gravitation führt, als auch gleichzeitig das speziellere Prinzip, Abstoßung zwischen dem Gleichartigen und Anziehung zwischen dem Ungleichartigen, die wir von der Elektrizität und dem Magnetismus kennen und die die Mannigfaltigkeit in die Natur hineinbringen.

In dieser Verbindung kam er zu tiefschürfenden Überlegungen. Ich habe ihn behaupten hören, daß es unmöglich wäre, eine Welt ausschließlich auf dem elektrischen Prinzip der gegenseitigen Abstoßung zwischen dem Gleichartigen und der gegenseitigen Anziehung zwischen dem Ungleichartigen aufzubauen. Hieraus könnte nur eine neutrale Mischung entstehen, welche sicherstellt, daß nichts geschieht. Soll ein so interessantes Bauwerk entstehen wie die Welt, in der wir leben, so bedarf es zweier organisierender

Prinzipien: erstens die Anziehung zwischen dem Gleichartigen, welche dieses sich in den richtigen Gruppen und Einheiten sammeln läßt, und zweitens Anziehung zwischen dem Ungleichartigen, was eine Wechselwirkung zwischen diesen Gruppen und Einheiten hervorbringen würde. Diese zwei Prinzipien sind ebenso unentbehrlich in der toten Natur wie in der Welt der lebenden Organismen: Hier sammeln sich zuerst die Einzelwesen der gleichen Art, das ist das große ordnende Prinzip; aber dann tritt innerhalb der Art das entgegengesetzte Prinzip dazu, die Anziehung zwischen Individuen von entgegengesetztem Geschlecht.

Er sah es daher fast wie eine Verheißung an, daß die Hydrodynamik und wohl überhaupt die Mechanik die Anziehung des Gleichartigen und die Abstoßung des Ungleichartigen als das Primäre ergibt, und erst bei der nächsten Koppelung in einem zusammengesetzten System das elektrische Prinzip ergeben kann: Abstoßung des Gleichartigen und Anziehung des Ungleichartigen. Und solche Überlegungen dürften gerade in unseren Tagen von Interesse sein, in Verbindung mit der modernen Atomtheorie, die auf dem elektrischen Prinzip aufgebaut ist. Denn sie läuft in ein Paradoxon aus, das in der Existenz der Bausteine selbst, mit denen man baut, liegt, den negativen Elektronen und den positiven Atomkernen: Die Konzentration gleichartiger elektrischer Massen im Raume eines Elektrons oder eines Atomkerns würde diese zu den gewaltigsten Explosivbomben machen, die sich am wenigsten von allem zum Aufbau eines stabilen Weltgebäudes eignen dürften. Dieses Paradoxon würde verschwinden, wenn das hydrodynamische Prinzip das fundamentale wäre.

Aber wenn solche Überlegungen etwas mit der Wirklichkeit zu tun hatten, so war ohne Zweifel der Weg zum Ziel lang. Es gab unzählige Möglichkeiten. Die Aussicht, sich zu irren, war groß, ja überwältigend, wenn man leichtsinnig seiner Phantasie die Zügel schießen ließ. Der Gedanke hieran brachte ihn dazu, einen sehr festen Standpunkt einzunehmen, von dem er nie abwich. Er sagte immer mit voller Bestimmtheit: Ich suche nur Analogie. Ich suche Tatsachen, und diese Tatsachen müssen für sich selber sprechen. Haben sie einen Zusammenhang mit den Erscheinungen des Elektromagnetismus oder der Gravitation, so wird sich das mit der Zeit von selbst zeigen. *Hypotheses non fingo*.

Aber er meinte auf jeden Fall, daß seine Resultate eines schon mit voller Sicherheit bewiesen: daß die Natur — wenn man sich so ausdrücken will — ihre Auswege hatte, um die Fernkräfte zu vermeiden, wenn sie ohne sie auskommen wollte.

Doch hatte er das Gefühl, daß es nicht genügte, mathematische Resultate vorzulegen, wenn er die Auffassung seiner Zeit in dieser Frage beeinflussen wollte. Erst wenn man die mathematischen Voraussagen durch das Experiment bekräftigt sah, würden die Resultate ihre volle Wirkung haben. Sonst konnte man sagen, daß diese Resultate nicht mehr mit der realen Wirklichkeit zu schaffen hätten als DIRICHLETs Resultat der widerstandslosen Bewegung einer Kugel in einer Flüssigkeit. Er begann daher im Ernst wieder an Experimente zu denken, aber nicht wie früher als Wegweiser für seine ferneren mathematischen Untersuchungen. Jetzt hieß es die Richtigkeit einer langen Reihe bestimmter mathematischer Voraussagen zu prüfen.

Während diese Ideen vom Frühjahr 1875 noch neu und unfertig waren, kamen die Ferien und mit ihnen der Umzug nach Krödsherred. Wir wohnten in diesem Sommer auf dem Hofe Söndre Bö, einem der schönstgelegenen der schönen Gemeinde. Aber hier erwartete BJERKNES am allerwenigsten, vorwärtszukommen, da er von allen Hilfsmitteln abgeschnitten war. Auf dem Hofe war jedoch eine Wasserpumpe mit einem großen Wasserfaß. Und wie immer, hatten wir zur Unterhaltung ein Krocketspiel mit. Da fand BJERKNES oft den Weg von seinem Arbeitszimmer zum Pumpenfaß, wo die Krocketkugeln ständig ins Wasser kamen.

Am meisten fesselte ihn der Gedanke an die pulsierenden Kugeln, welche die Analogie mit den grundlegendsten Fernwirkungsgesetzen der Natur ergeben sollten. Aber es war nicht leicht, zwei Kugeln im Takt das Volumen ändern zu lassen. Da fiel ihm ein, daß, wenn eine Kugel an der Wasseroberfläche auf- und abtauchte, der im Wasser befindliche Teil veränderliches Volumen hatte, oder das Wasservolumen, das die Kugel verdrängte, war periodisch veränderlich. Und das war das wesentliche, damit die Pulsationswirkung zustande kam. Wenn er daher zwei Kugeln gleichzeitig ins Wasser fallen ließ, so daß sie im Takt auf- und untertauchten, so mußten sie zwei gleichartig pulsierenden Kugeln entsprechen. Sie sollten sich anziehen. Er machte den Versuch, hielt zwei Kugeln ganz dicht nebeneinander dicht über der Wasseroberfläche und ließ sie fallen. Und ganz richtig, während sie auf und nieder tauchten, näherten sie sich einander, bis sie zusammenstießen! Konnte es ein Zufall sein? Hatte er mit der Hand gezittert, als er sie fallen ließ? Er wiederholte den Versuch. Es geschah immer das gleiche, wenn er sie nur aus mäßiger Höhe herunterfallen ließ, so daß nicht Spritzer und Wellen sie auseinandertrieben. Das Resultat war Anziehung bis zur Berührung, selbst bei Abständen von fast einem Kugeldurchmesser.

Ließ er die Kugeln nacheinander fallen, so daß die eine auftauchte, wenn die andere untertauchte, und umgekehrt, so sollten sie zwei entgegengesetzt pulsierenden Kugeln entsprechen, und es mußte Abstoßung eintreten. Es gehörte Übung dazu, sie im richtigen Takt fallen zu lassen. Aber wenn es gelang, trat ebenso deutlich Abstoßung ein wie vorher Anziehung. Die Bestätigung war so vollständig, wie die einfachen Mittel es zuließen.

Die Versuche konnten auf viele Arten variiert werden. Ließ er gleichzeitig eine leichtere und eine schwerere Kugel fallen, so tauchte die schwerere am tiefsten ins Wasser ein. Wenn dann die leichte an den Platz der schweren und die schwere an den der leichten gezogen wurde, so hatte das zur Folge, daß die schwere mitten unter oder sogar ganz auf der anderen Seite der leichten auftauchte. Die zwei Kugeln tauschen den Platz, wobei sie umeinander, jede ihr Stück einer Planetbahn entlanglaufen!

Diese Versuche waren ja nicht vollkommen. Sie gingen an der Wasseroberfläche vor sich, nicht, wie die Theorie voraussetzte, im

Innern der Flüssigkeit. Und außerdem ergab der Versuch keine reine Pulsationswirkung, sondern eine kombinierte Pulsations- und Oszillationswirkung. Die Oszillation sollte Anziehung und Anstoßung nach den Abbildungen S. 133, c und d, ergeben und damit die Pulsationswirkung verstärken. Die Versuche mit wirklichen Volumveränderungen von Körpern unter Wasser wurden zurückgestellt, bis wir wieder in die Stadt kamen. Aber Oszillationsversuche stellten wir mit den Mitteln an, die wir fanden oder uns anfertigten. Bei diesen Versuchen war ich ständig der Gehilfe meines Vaters. Ich konnte ein Messer handhaben und hatte geschickte Hände, während er nie Gelegenheit gehabt hatte, die seinigen zu gebrauchen. Große hölzerne Milchgefäße, die in dem Pumpenfaß herumschwammen, zogen wir mit den Händen auf der Wasseroberfläche hin und zurück, und es gelangen damit scheinbar befriedigend die Experimente S. 133, c und d, wo die Oszillationen senkrecht zu der Verbindungslinie sind. Schwerer waren die Fälle a und b, wo die Oszillationen längs der Verbindungslinie verlaufen. Sie wollten nicht einwandfrei gelingen, selbst als wir mit zwei Booten auf den Krödersee hinausruderten und mit verschiedenen Geräten gewaltsame Oszillationsversuche machten. Es war nicht möglich, zu entscheiden, wieviel von der Wirkung den Oszillationen und wieviel den Stromversetzungen und dem Wind zuzuschreiben war.

Nach der Rückkehr in die Stadt kam die Badewanne wieder ins Studierzimmer. Für den Pulsationsversuch nähte meine Mutter Beutel aus Ölzeug mit Gummischlauch daran, so daß man Luft hineinblasen und heraussaugen konnte. Die verschiedenen Mitglieder der Familie dienten als Blasebälge und übten sich darin, im Takt zu blasen. Es gelang auch, mit diesen Mitteln Anziehung hervorzurufen, wenn die Beutel gleichartig pulsierten, und Abstoßung, wenn sie entgegengesetzt pulsierten. Aber der Effekt war doch nie ganz getrennt von einer Oszillationswirkung, die bei der primitiven Aufhängung durch den wechselnden Auftrieb entstand.

Wenn so die Versuche auch noch weit davon entfernt waren, vollkommen zu sein, so hatten sie doch genügt, um bei BJERKNES jeden persönlichen Zweifel an der Realität der mathematischen Resultate zu beseitigen. Vor allem konnte kein Fehler in dem Vorzeichen der Kräfte sein. Am 24. September lieferte er der Gesellschaft der Wissenschaft eine Abhandlung ein, worin er die grundlegenden Formeln veröffentlichte und die ersten Experimente erwähnte.

Aber jetzt galt es, die Experimente so zu vervollkommnen, daß sie auf andere überzeugend wirkten. Es kam eine Zusammenarbeit zwischen BJERKNES und dem neuernannten Physiker zustande, seinem alten Schüler Professor SCHIÖTZ. Mit den Hilfsmitteln des Physikalischen Kabinetts und pekuniärer Unterstützung von verschiedenen Seiten gelang es, die Schwierigkeiten nach und nach zu überwinden. Jedesmal, wenn ein entscheidender Schritt vorwärts gemacht war, wurde er in der Gesellschaft der Wissenschaft mitgeteilt. BJERKNES gab zuerst die Formeln, die den Effekt voraussagten, und SCHIÖTZ zeigte das Experiment, das die mathematischen Voraussagen verwirklichte.

Diese Fähigkeit der Mathematik, den Ausfall eines noch nicht ausgeführten Experimentes vorauszusagen, macht immer einen starken Eindruck. Jetzt erlebte man dies einmal übers andere in den Sitzungen der Gesellschaft der Wissenschaft. Das machte starken Eindruck. Die Wirkung blieb nicht aus. Man hielt BJERKNES nicht mehr für einen unpraktischen Theoretiker, der sich mit Aufgaben beschäftigte, bei denen nichts herauskommen konnte. Vielleicht war doch etwas dran an dem fernen Ziel, dem er zusteuerte?

Die Mitteilungen über seine mathematischen Resultate und ihre Bestätigung durch Experimente machte auch bei seinen skandinavischen Kollegen Eindruck. Das zeigte sich sichtbar, als er zum Ehrendoktor der Universität Uppsala gewählt wurde, anläßlich ihrer Vierhundertjahrfeier 1877. Im selben Jahre hatte er auch Gelegenheit, mit ausländischen Kollegen über seine Resultate zu sprechen. Er war persönlich eingeladen, am 30. April 1877 in Göttingen an der Hundertjahrfeier zur Erinnerung an den Geburtstag des großen GAUSS teilzunehmen. Gleichzeitig war unsere

Universität aufgefordert, sich bei dem Vierhundertjahrjubiläum der Universität Tübingen vertreten zu lassen. Auf Vorschlag, nicht von BJERKNES, sondern des damaligen Vorsitzenden des Kollegiums, Professor L. M. B. AUBERT, wurde die Sache so geordnet, daß er ein Stipendium bekam und sich in der Zeit zwischen den beiden Jubiläen in Paris aufhielt. Er kam im Ausland im wesentlichen mit seinen nächsten Fachkollegen, den Mathematikern, zusammen und machte dabei die Erfahrung, daß selbst diese sich stärker beeindrucken ließen von den einfachen Experimenten, die er ihnen gelegentlich zeigen konnte, als von den mathematischen Resultaten an und für sich. Daß das bei den Physikern in noch höherem Maße der Fall sein würde, war nicht zu bezweifeln. Er kam daher mit der Überzeugung heim, daß klare Experimente den Ausschlag geben mußten, wenn es ihm gelingen sollte, den Physikern mit Resultaten Eindruck zu machen, die den allgemeinen Gedankengängen so zuwiderliefen.

Im Januar 1879 waren die teils zu Hause, teils im Physikalischen Kabinett ausgeführten Experimente so weit gediehen, daß die mathematischen Resultate von 1875 in allen Hauptpunkten bestätigt waren. Er sandte daher eine kurze Mitteilung an die Comptes Rendus de l'Académie des Sciences in Paris über die Existenz dieser „hydroelektrischen" und „hydromagnetischen" Erscheinungen. Der Name hatte sich bei den Experimenten von selbst ergeben.

Indessen hatte er wenig Hoffnung, daß eine solche Mitteilung irgendwelche Aufmerksamkeit erwecken würde, ohne positive Vorführung der Experimente. Er begann sich daher mit der Frage zu beschäftigen, wie man diese zeigen könnte. Er dachte an die Möglichkeit, daß ein Satz Apparate nach Paris geschickt würde und sich dann durch BROCHS Vermittlung ein französischer Physiker bereit finden würde, sie zu studieren und die Experimente den daran Interessierten vorzuführen. BROCH, der damals ständig in Paris wohnte, genoß ein einzigartiges persönliches Ansehen in den französischen wissenschaftlichen Kreisen. BROCHS Antwort war außerordentlich entgegenkommend. Er war groß genug nicht doppelt unwillig zu werden, als er sah, daß doch etwas herausgekommen war bei den Untersuchungen, die er so mißachtet hatte. Aber er gab den dringenden Rat, daß BJERKNES selbst mit den Instrumenten nach Paris kommen solle, am besten zusammen mit SCHIÖTZ. Das Risiko eines mißglückten Experimentes, das sicher viel schaden konnte, wollte er nicht übernehmen. Und er zweifelte nicht daran, daß man bei einer solchen Gelegenheit Reiseunterstützung bekommen könne.

BJERKNES folgte diesem Rat. Unter den Kollegen war auch die Stimmung für ihn, und er erhielt ein Stipendium, nur SOPHUS LIE hatte merkwürdigerweise energisch dagegen opponiert; ich weiß nicht mit welcher Begründung. Darauf wurde alles getan, um die Reise so gründlich wie möglich vorzubereiten. Auf Grund der gewonnenen Erfahrungen wurden neue Instrumente nach SCHIÖTZ' Zeichnungen von G. O. GJÖSTEEN ausgeführt. Aber ihre Herstellung nahm längere Zeit in Anspruch, als berechnet war. Durch forcierte Arbeit gelang es doch, sie fertigzustellen, ehe am 3. Juli der Dampfer nach Havre abging. Da SCHIÖTZ, der ursprünglich mit sollte, verhindert war, kam ich als Gehilfe meines Vaters mit. Inzwischen war in Paris schon die Zeit der Examen, was wenig günstig war. Aber mit BROCHS Unterstützung gelang es, die notwendigen Vorbereitungen zu treffen. Die Instrumente wurden in MASCARTS Laboratorium im Collège de France gebracht, und MASCART und sein Mitarbeiter JOUBERT kamen, um sich die Versuche anzusehen. Die Lage war nicht ohne Spannung. Beide waren deutlich wenigstens sehr reserviert. Die Behauptung klang offenbar für alle allzu abenteuerlich, daß man durch einfache Versuche in Wasser die ganze Reihe der elektrostatischen oder magnetischen Kraftwirkungen darstellen könnte. Und das schlimmste war, daß sich die neuen Instrumente als nicht so vollkommen erwiesen, als es wünschenswert war, und im unpassendsten Augenblick versagen konnten. Aber das Glück war uns hold. Das Experiment mit den pulsierenden Körpern wurde ausgeführt. MASCART sah es mit großer Skepsis an. Er verlangte anhalten und wiederholen, anhalten und wiederholen, bis ein ,,Parfaitement,

parfaitement" zeigte, daß er überzeugt war. Die ganze Versuchsreihe gelang tadellos. Die beiden Autoritäten hatten keinen Zweifel mehr an der Realität der Erscheinungen.

Darauf wurde verabredet, daß die Experimente zwei Tage später bei der letzten Sitzung der Société de Physique in diesem Semester gezeigt werden sollten. Da MASCART Präsident war, konnte dies trotz des schon festgesetzten Programms geschehen. Trotz seines Mangels an Übung in der französischen Sprache hielt BJERKNES seinen Vortrag mit großer Sicherheit und Kraft. Die ganze Versuchsreihe machte einen um so stärkeren Eindruck, als

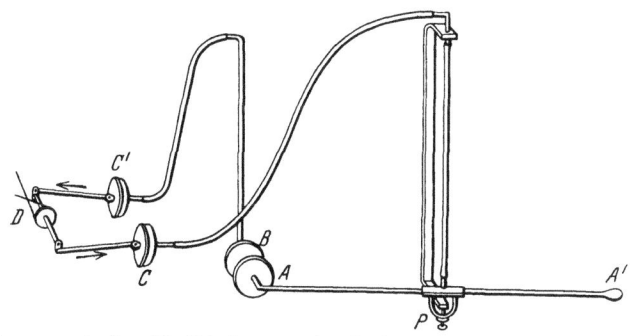

Pulsationsapparat 1879. Die Pulsationen werden durch zwei kleine Trommeln C, C' hervorgebracht, die mit Kautschukmembranen bedeckt sind, und auf zwei gleiche Trommeln B und A übertragen, die im Wasser angebracht sind. B wird in der Hand gehalten, während sich A bewegen kann, indem sich der vertikale Gummischlauch dreht.

die Stimmung zuerst, wie wir später hörten, alles andere als günstig gewesen war. Viele hatten die Artikel in den „Comptes Rendus" gelesen und erzählten, daß sie sich nicht hatten denken können, daß die angeführten Behauptungen richtig sein könnten. Ein Norweger unter den Zuhörern, der in Paris wohnende Mechaniker OTTO LUND, der uns behilflich gewesen war, eine Reihe Unvollkommenheiten an den Instrumenten zu beseitigen, erzählte auch, daß er vorher ironische Bemerkungen gehört hatte. Die Leute waren gespannt, was das für Humbug oder Selbstbetrug sein würde.

BROCH schlug vor, daß BJERKNES seinen Sieg gleich ausnutzen und seine Reise bis Montpellier ausdehnen sollte. Dort sollte im

August der französische Naturforschertag stattfinden, wozu auch italienische und schweizerische Physiker kommen würden. Aber das schon überschrittene Stipendium war ein endgültiges Hindernis aller weiteren Abenteuer.

Ein interessantes kleines Erlebnis bildete den Abschluß des kurzen Pariser Aufenthaltes. Von einem der Vorstandsmitglieder der Société de Physique waren wir dazu eingeladen, der jährlichen Preisverteilung an die Schüler der höheren Schulen von Paris und Versailles beizuwohnen. Sie fand in dem großen Saal der Sorbonne statt. Wir hatten nichts anderes als ein stilvolles Schulfest erwartet; aber es wurde mehr. Die französische Republik war noch jung und unbefestigt. Sowohl Bonapartisten wie Orleanisten und Legitimisten waren mächtige Parteien. Bei dem Fest sollte Stimmung für die Republik und besonders für die bedeutungsvollen Unterrichtsgesetze des Unterrichtsministers JULES FERRY gemacht werden. Auf dem Podium saß eine lange Reihe führender Politiker, unter ihnen GAMBETTA. JULES FERRY sollte die Hauptrede halten. Das Fest wurde dadurch eingeleitet, daß die Musik die Marseillaise spielte, zum ersten Male nach dem Staatsstreich von 1852 ertönten ihre Klänge in dem ehrwürdigen Saal. Als die Musik zu Ende war, erklang mächtiger Beifall. Aber als eben wieder Stille eingetreten war, tönte ein Ruf durch den Saal: „Vive le roi". Er stammte von einem der Schulknaben, die eine Prämie bekommen sollten. Eine Sekunde danach herrschte ein Lärm und ein Aufruhr, der nicht zu beschreiben ist. Aber da gab jemand der Musik ein Zeichen. Die Marseillaise wurde von neuem intoniert, und die ganze Versammlung stimmte ein. Nach erneutem ohrenbetäubenden Beifall konnte dann FERRY seine patriotisch-politische Rede über das Unterrichtswesen halten. Danach begann die Preisverteilung. Die Knaben, die sich ausgezeichnet hatten, traten einer nach dem anderen vor, erhielten von dem Präsidenten der Versammlung einen Kranz auf den Kopf und einen Stapel Bücher in Prachteinbänden. Ab und zu übergab der Präsident Kranz und Bücher einem anderen der berühmten Männer auf dem Podium, der dann die Verteilung vornahm. Es erweckte endlosen Jubel, als ein kleiner Knabe mit bloßen Beinen vortrat. GAMBETTA setzte ihm den Kranz auf den Kopf, beugte sich nieder und küßte ihn auf die Wange!

Nach den warmen und anstrengenden Tagen in Paris empfanden wir bei der Rückkehr doppelt die Frische unseres Sommerheims auf Bö in Krödsherred. Wir stiegen gleich auf das Norefjeld zur Sennhütte des Böhofes. Der alte KNUT empfing uns auf das herzlichste, entschuldigte sich aber wegen der Unterkunft: „Sie hatten wohl schönere Sennhütten in Paris, BJERKNES?"

1875 hatte BJERKNES die Umschreibung seiner alten Formeln nach einem neuen Prinzip durchgeführt, aber nur erst für die Kräfte niedrigster Ordnung, die umgekehrt wie die zweite, dritte und vierte Potenz des Abstandes abnahmen. Jetzt nahm er die Reihe der höheren Kräfte in Angriff, die umgekehrt wie die fünfte, sechste und siebente Potenz des Abstandes abnahmen. Da konnte er die Induktionskraft nicht länger außer Betracht lassen, da diese höheren Kräfte gerade auf den durch die Induktionskraft hervorgebrachten induzierten Schwingungen beruhten. Er vermutete, daß sie den auf induzierter Magnetisierung oder influenzierter elektrischer Polarisation beruhenden Kräften entsprechen würden. Die Umformung ging über sehr lange Rechnungen. Aber als sie durchgeführt waren, zeigte es sich, daß die Formeln genau mit den Formeln der entsprechenden elektrischen oder magnetischen Kräfte übereinstimmten, nur immer mit dem umgekehrten Vorzeichen. Das war ein neuer, sehr bedeutungsvoller Fortschritt.

Die dazugehörenden Experimente gelangen sehr leicht. In Wirklichkeit waren sie zum großen Teil bereits ausgeführt, als zufällige Entdeckungen verschiedener Physiker, die aber keine tiefere Einsicht in das Wesen dieser Erscheinungen gewonnen hatten. Schon 1834 hatte der französische Physiker GUYOT gefunden, daß eine tönende Stimmgabel leichte Gegenstände anzog, und in den siebziger Jahren hatten SCHELLBACH und GUTHRIE verschiedene sogenannte akustische Anziehungen und Abstoßungen nachgewiesen. Diese Versuche erhielten jetzt eine neue Beleuchtung, da sie aus den hydrodynamischen Gleichungen streng abgeleitet und in die Reihe der „hydroelektrischen" und „hydromagnetischen" Erscheinungen eingeordnet wurden. Diese Versuche konnten mit den vorhandenen Instrumenten leicht auch im Wasser ausgeführt werden, als eine unmittelbare Fortsetzung der alten Experimentreihe.

Im Lauf des Winters wurden auch die in Paris gezeigten Instrumente umgebaut und verbessert. Mit diesen neuen Instrumenten wurde dann auf dem skandinavischen Naturforschertag in Stockholm 1880 die erweiterte Experimentreihe vorgeführt. Es wurde eine sehr festliche Vorführung in dem damaligen Versammlungssaal der Ersten Kammer in Riddarholm. Der Vortrag mit den Demonstrationen machte einen mächtigen Eindruck. Die Niederlage bei dem mißglückten Vortrag auf dem Naturforschertag von 1868 war reichlich aufgewogen.

Bis zum Sommer 1880 wurden die Experimente gelegentlich betrieben, im Physikalischen Kabinett mit gelegentlicher Hilfe und gelegentlicher geldlicher Unterstützung. Aber BJERKNES war nicht im Zweifel darüber, daß er sich erst am Anfang seines Vorhabens befand. Jetzt erhielt er vom Storthing einen eigenen Mechaniker bewilligt und erhielt gleichzeitig ein eigenes Lokal, die alte Pedellwohnung im Keller der Domus Academica, die gerade als allzu ungesund verlassen war. Als Mechaniker stellte er den besonders tüchtigen L. ANDERSEN an. Die Ausführung der Experimente und die Zeichnung der neuen Instrumente fiel mir zu. Ich war im selben Jahr Student geworden und war nun fünf Jahre lang sein freiwilliger wissenschaftlicher Assistent.

Die erste Aufgabe war die ständige Verbesserung der Konstruktion der alten Instrumente. Es war gerade ein neuer und bedeutend verbesserter Satz davon fertig geworden, als wir die Mitteilung erhielten, daß König OSCAR die Experimente zu sehen wünsche. Er hatte von dem Aufsehen gehört, das sie auf dem Naturforschertag in Stockholm erregt hatten. Das führte zu einer Galavorlesung für Seine Majestät im alten Saal der Gesellschaft der Wissenschaft in der Domus Academica vor der erlesensten

Versammlung, die unsere Stadt zuwege bringen konnte. Darauf folgten ständige Aufforderungen, die Experimente in den verschiedenen Vereinen der Stadt vorzuführen, was bereitwillig geschah.

Im selben Herbst wurde ein neues Experiment ausgeführt, welches beweisen sollte, wie sich die Gleichheit zwischen den hydrodynamischen und den magnetischen Erscheinungen bis in die kleinsten Einzelheiten erstreckt. Das magnetische Experiment kann man leicht beschreiben und nachmachen. Man läßt ein kleines Eisenstück auf einem Kork im Wasser schwimmen. Bringt man unter Wasser einen Magnet mit vertikaler Achse an, so wird sich das Eisenstück in der Vertikallinie des Magneten einstellen. Stellt man dann einen anderen Magneten in derselben Vertikallinie über dem Wasser auf, so wird das Eisenstück in seiner Stellung zwischen den beiden Magnetpolen verbleiben, wenn diese Pole entgegengesetzte Vorzeichen haben. Wendet man aber dann den oberen Magnet um, so daß das Eisenstück zwischen zwei gleichnamige Pole kommt, so verbleibt es nicht länger auf seinem Platz in der Vertikallinie zwischen den zwei Magnetpolen. Es wird herausgestoßen und hält sich in einem kleinen Kreis um diese Vertikallinie herum. Einen ähnlichen Versuch, bei dem die Kraftrichtung umgekehrt wird, kann man mit sehr starken Magnetpolen und einem Stück Wismut ausführen. Es gelang auch, die entsprechenden hydrodynamischen Erscheinungen in vollständiger Übereinstimmung mit den Rechnungsresultaten darzustellen. Sie zeigten klarer als je, daß nichts Zufälliges in der Gleichheit zwischen den magnetischen und den „hydromagnetischen" Erscheinungen war. Die eine Erscheinungsreihe war wie ein Spiegelbild der anderen, in der keine Einzelheit fehlte.

Die Experimente wurden am 10. Dezember in der Gesellschaft der Wissenschaft gezeigt. Als der Vortrag und die Vorführung beendet waren, verlangte SOPHUS LIE das Wort und erhob nach einem mitgebrachten Manuskript einen Einspruch, der in dem Verlangen gipfelte, Professor BJERKNES möge die Bezeichnungen „Hydromagnetismus" und „Hydroelektrizität" fallen lassen. Zusammen mit LIES früherer Opposition gegen sein Stipendiumgesuch konnte BJERKNES es nicht anders deuten als einen Ausschlag einer wenig wohlwollenden Stimmung gegen seine Arbeiten von LIES Seite. Er gab eine ganz gewiß sachliche, aber im Ton nicht ganz beherrschte Antwort, die wieder eine entsprechende Erwiderung von LIES Seite hervorrief. Das Referat in den Verhandlungen der Gesellschaft der Wissenschaft gibt ein abgeschwächtes Bild der Episode. Sie wäre auch vergessen worden, wenn sie nicht eine sehr beklagenswerte Folge gehabt hätte. Was auch LIES Absicht gewesen sein mag, die Folge war, daß BJERKNES, der bis dahin die Gesellschaft der Wissenschaft ständig auf dem laufenden über den Fortschritt seiner Arbeiten durch Vorträge und Vorführungen gehalten hatte, nun damit aufhörte. Er wollte keinen weiteren Zusammenstoß solcher Art riskieren.

BJERKNES hatte natürlich selbst nicht geglaubt, daß dieses Schweigen so schicksalsvoll werden sollte. Er meinte ohne Gefahr auf diese vorläufigen Mitteilungen verzichten zu können. Noch zweifelte er nicht daran, daß es ihm gelingen würde, das Ganze zu bearbeiten und in einem größeren Werk festzulegen, wenn auch das Material schon einen gefahrdrohenden Umfang angenommen hatte. Aber es sollte anders kommen. Er kam nie zu der Bearbeitung, fast nichts von seiner eigenen Hand kam über seine Entdeckungen heraus. Um so mehr ist es zu beklagen, daß von nun an seine kurzen Mitteilungen in der Gesellschaft der Wissenschaft aufhörten.

Die elektrische Ausstellung in Paris 1881.

Trotz des Erfolges in der Société de Physique in Paris erhielt BJERKNES vom Ausland deutliche Zeichen des Mißtrauens oder weniger günstiger Stimmung gegen seine Arbeiten. So erhielt er ein Referat zur Durchsicht zugeschickt, das für die „Beiblätter zu den Annalen der Physik" geschrieben war. Da es irreführend war, schrieb BJERKNES ein neues. Aber der Redakteur, G. WIEDEMANN, hielt es für das klügste, beide Referate zu verwerfen. Er wußte offenbar nicht, was er von BJERKNES' Behauptung halten sollte, daß ein vollständiges hydrodynamisches Spiegelbild der elektrischen und magnetischen Fernwirkungserscheinungen existiere. Für die Anhänger der Fernwirkungslehre klang das ja wenig glaublich. Was für ein Sinn sollte darin stecken, daß die Natur ihre eigenen Fernwirkungen kopierte?

Dies brachte BJERKNES wieder auf seinen alten Gedanken, daß im Ausland an einer oder mehreren Stellen ein vollständiger Satz der hydrodynamischen Instrumente vorhanden sein sollte, so daß man sich von der Realität der Erscheinungen überzeugen konnte. Er wünschte das um so mehr, als das Material sich jetzt so angehäuft hatte, daß es lange Zeit dauern würde, bis das Ganze für die Veröffentlichung fertiggestellt sein konnte. Da er jetzt einen eigenen Mechaniker hatte, würde es nicht schwierig sein, diese Instrumente anzufertigen. Es würde bei der ständigen Arbeit an der Verbesserung der Instrumenttypen leicht nebenhergehen. Die Erlaubnis wurde gegeben, und der Mechaniker begann die Herstellung von zwei Sätzen von Instrumenten. Sie sollten als Geschenk, der eine an die Universität in Göttingen, der andere an das Collège de France in Paris, übergeben werden.

BJERKNES verständigte MASCART davon, daß diese Instrumente geschickt würden. Aber in dessen sehr liebenswürdigem Dankbrief wurde er aufgefordert, die Instrumente zuerst auf der internationalen elektrischen Ausstellung auszustellen, die am 1. August in Paris eröffnet werden sollte. Der Gedanke an eine Ausstellung seiner hydrodynamischen Instrumente auf einer elektrischen Ausstellung hatte BJERKNES vollständig ferngelegen. Das hätte wie eine Herausforderung an die Physik und die ganze herrschende Fernwirkungslehre ausgesehen. Aber da er jetzt von einem der Organisatoren der Ausstellung dazu aufgefordert wurde, fielen diese Bedenken fort, und für Norwegen, das auf elektrischem Gebiet wenig zu bieten hatte, war es willkommen, daß wenigstens etwas auszustellen war.

Die neuen Instrumente wurden daher vor allem mit dem Gedanken an die Ausstellung fertiggestellt. Gleichzeitig wurden den alten neue Versuche hinzugefügt. Besonders ein Experiment sollte bedeutungsvoll werden. Bis jetzt war die Aufmerksamkeit vor allem auf solche hydrodynamische Erscheinungen gerichtet gewesen, die wie eine Wirkung in die Ferne aussahen. Aber von dem Stromfeld in der Flüssigkeit, das als Ursache hinter der sichtbaren Fernwirkung lag, erhielt man kein Bild. Wegen der Durchsichtigkeit der Flüssigkeit kann man ihre Bewegungen nicht sehen. Jetzt gelang es mir auf einfache Weise vollständige, automatisch gezeichnete Bilder der Stromfelder zu erhalten. In voller Übereinstimmung mit dem mathematischen Resultat zeigten diese Strombilder die genaueste Übereinstimmung mit den bekannten Kraftlinienfiguren, die man erhält, wenn man Eisenfeilspäne auf ein Papier streut, das man über einen Magneten legt. Unter Hinweis auf diese Figuren konnte man das Resultat der Analogie zwischen den magnetischen und den hydrodynamischen Erscheinungen so formulieren: Die hydrodynamischen und magnetischen Felder haben dieselbe geometrische Struktur; und in den Feldern der gleichen Struktur treten gleich große, aber entgegengesetzte Kräfte auf.

Diese Bilder von hydrodynamischen Feldern führten auch weiter zur Auffindung hydrodynamischer Erscheinungen, die den elektrischen Strömen entsprechen. Der erste Schritt wird durch die Diagramme S. 155 erläutert. Die hydrodynamischen Figuren geben das Stromfeld in einer sehr zähen Flüssigkeit und sind durch einen oder zwei Zylinder, die um ihre Achse rotieren, hervorgebracht; die magnetischen Figuren zeigen die entsprechenden Eisenfeilspanfiguren, die durch einen oder zwei elektrische Ströme hervorgebracht sind. Gleiche Rotationsrichtung der Zylinder entspricht gleicher Richtung der elektrischen Ströme und entgegengesetzte Rotationsrichtung der Zylinder entgegengesetzter Richtung der elektrischen Ströme. Diese Stromfelder haben den gleichen Charakter, ob nun die Rotationen fortlaufend sind oder periodisch vorwärts und zurück gehen. Aber nur im letzten Falle erhält man den vollen Anschluß an die vorhergehenden Erscheinungen mit den pulsierenden und oszillierenden Kugeln.

Die Experimente, die diese Figuren ergaben, wurden in der letzten Nacht vor der Abreise nach Paris ausgeführt, und die Eile erklärt die nur allzu deutliche, weniger sorgfältige Ausführung. Der nächste Schritt, das Studium der Kraftwirkungen zwischen den rotierenden Zylindern und der Vergleich mit den Kraftwirkungen zwischen den elektrischen Strömen, mußte bis zur Heim-

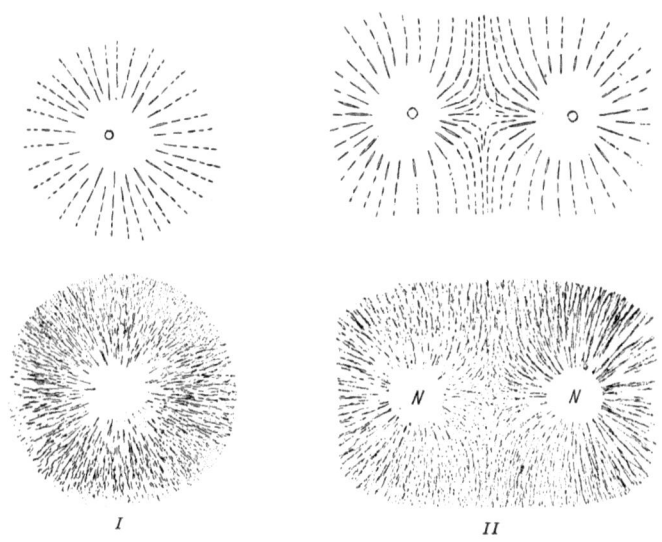

I *II*
Hydrodynamische Stromlinien und magnetische Kraftlinien:
I Pulsierende Kugel. Magnetpol.
II Zwei gleich pulsierende Kugeln (Anziehung), zwei gleichnamige Magnetpole (Abstoßung).

kehr verschoben werden. Von der forcierten Arbeit stark überanstrengt, schifften wir uns mit unseren Kisten am 15. Juli auf dem „Kong Magnus" nach Havre ein.

In jener Zeit war es nicht so leicht, sich eine Vorstellung zu machen, wie eine elektrische Ausstellung aussehen würde. Man wußte von der Elektrizität nur als von etwas Geheimnisvollem aus den Laboratorien. Sie übertrug auf unerklärliche Weise Signale im Telegraphendraht. Von der sensationellen Erfindung des Telephons war in den Zeitungen viel die Rede. Aber nur sehr wenige hatten den Laut in einem Telephon gehört. Das elektrische Licht war seit DAVYS Tagen bekannt und schon zur Beleuchtung einer Straße, der Avenue de l'Opéra in Paris, angewandt. Aber das Problem, dieses Licht zu „teilen", wie man damals sagte, hatte bis jetzt allen Anstrengungen gespottet. Man hörte mit Skepsis die Berichte, daß es jetzt EDISON und anderen gelungen sei. Zur

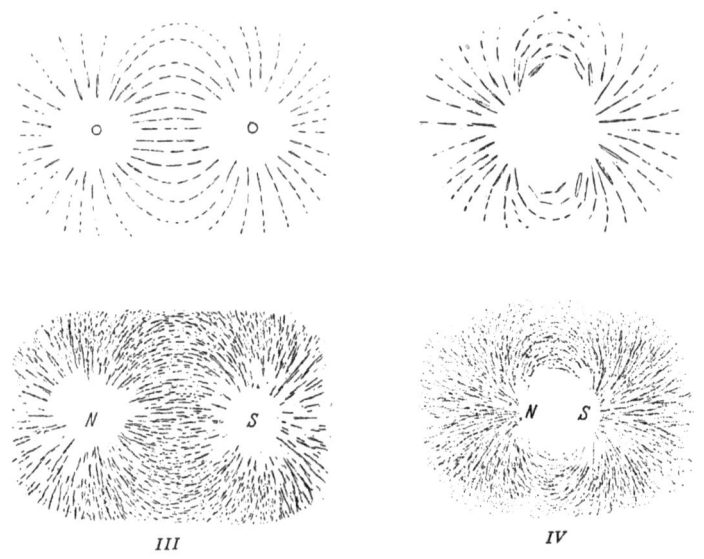

III *IV*

Hydrodynamische Stromlinien und magnetische Kraftlinien:
III Zwei entgegengesetzt pulsierende Kugeln (Abstoßung), zwei entgegengesetzte Magnetpole (Anziehung).
IV Oszillierende Kugeln. Magnet.

Erzeugung des elektrischen Stromes begannen die „magnetoelektrischen" und die „dynamoelektrischen" Maschinen in Frage zu kommen, als Ersatz für die alte galvanische Batterie. Aber die Elektrizitätserzeugung in großem Stil war noch ein Zukunftstraum. Man wunderte sich daher nicht wenig über die Idee einer allgemeinen internationalen elektrischen Ausstellung. Was die Welt an Galvanometern, Telegraphenapparaten, Telephonen und elektrischen Maschinen aufbringen konnte, würde doch nicht so viele Säle füllen. Und der kleine Raum, den Norwegen verlangt

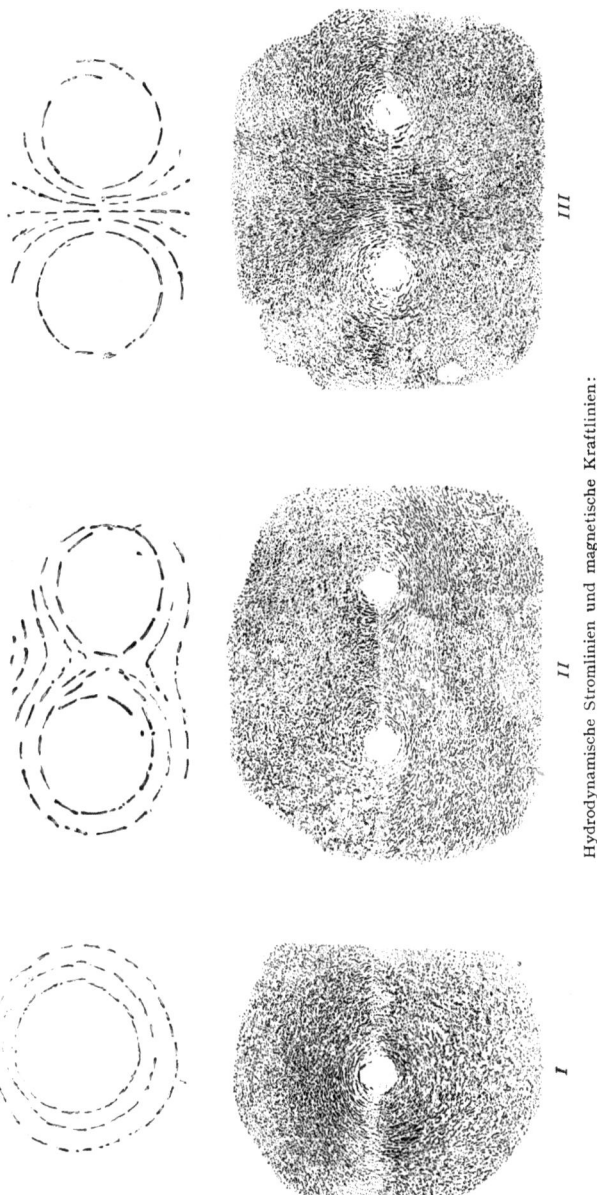

Hydrodynamische Stromlinien und magnetische Kraftlinien:
I Rotierende Zylinder. Elektrischer Strom.
II Zwei gleich rotierende Zylinder (Abstoßung), zwei gleichgerichtete elektrische Ströme (Anziehung).
III Zwei entgegengesetzt rotierende Zylinder (Anziehung), zwei entgegengesetzt gerichtete elektrische Ströme (Abstoßung).

hatte, würde die Ausstellung nicht sehr vergrößern. Als wir mit unseren bescheidenen Kisten nach Paris kamen, waren wir daher nicht wenig erstaunt, daß das große Palais de l'Industrie auf den Champs Elysées für die Ausstellung bestimmt war, ein Gebäude, das fünfundzwanzig Jahre früher die erste Pariser Weltausstellung beherbergt hatte. Doch wir waren zu früh gekommen. Daß eine Ausstellung nie am Eröffnungstage fertig ist, wußten wir nicht. Im Industriepalast herrschte noch ein großes Durcheinander. Das war fatal. Die Zeit war für uns mit unseren geringen Reisemitteln kostbar.

Am 10. August ging endlich die feierliche Eröffnung der Ausstellung durch den Präsidenten der Republik JULES GRÉVY vor sich. Der Staub hatte sich gelegt, und wir konnten einen Überblick über die Ausstellung bekommen. Es ist kaum zuviel gesagt, daß es ein historischer Augenblick war. Der ganze große Raum war mit elektrischen Instrumenten und Maschinen angefüllt. Die Elektrizität stand marschbereit, um die Welt zu erobern.

Nicht weniger als 1800 Pferdekräfte — eine damals phänomenale Zahl — waren installiert, um die neuen elektrischen Wunder, die Dynamomaschinen, zu betreiben. Man sah die drei ältesten Originalmaschinen von PACINOTTI, GRAMME und SIEMENS und schon eine Unzahl von variierten Formen. Da waren Gleichstrom- und Wechselstrommaschinen. Sie wurden für elektrische Beleuchtung, Galvanoplastik und Elektrochemie und zur Kraftübertragung in den verschiedensten Formen angewandt. Ja, nicht lange nach Eröffnung der Ausstellung hatte SIEMENS die erste Straßenbahn fertiggestellt, welche die Ausstellungsbesucher von der Place de la Concorde zum Industriepalast brachte. Eine grundlegende Neuheit war neben der Dynamomaschine der elektrische Akkumulator. Er war sowohl in GASTON PLANTÉS ursprünglicher Form wie in den Übergangsformen zu den neueren Typen vorhanden. Man bekam die gewaltige Stromstärke zu sehen, die er geben konnte, und seine merkwürdige Fähigkeit, in Verbindung mit Maschinen regulierend zu wirken. Der ganze Palast erstrahlte in dem wundervollsten elektrischen Licht. Und das war nicht nur das blendende Bogenlicht, das man von früher her kannte. Das war die Glühlampe, die ihren Einzug in die Welt gehalten hatte. EDISON, SWAN, MAXIM war es wirklich gelungen, „das elektrische Licht zu teilen". Diese kleinen Lampen zogen vielleicht mehr als alles andere die Aufmerksamkeit auf sich. Am 14. August schrieb ich nach Hause: „. . . Ich habe heute EDISONS elektrische Lampe gesehen . . . Das, was leuchtet, ist ein Kohlendraht, nicht dicker als dieser Strich —." Neben der Glühlampe zogen wohl die zahlreichen Telephone mit Zentralentischen usw. die meiste Aufmerksamkeit des großen Publikums auf sich. Was die Spezialisten zu bewundern fanden an Signal- und Telegraphenapparaten, Anordnungen für Duplex, Quadruplex und Multiplex-Telegraphieren, an Sir WILLIAM THOMSONS berühmten Apparaten zum Telegraphieren mit Kabel und seinem für Wissenschaft und Technik gleich wichtigen Elektrometer und Galvanometer usw., davon zu sprechen würde zu weit führen.

Und hatte man sich an all dem Neuen müde gesehen, das in überwältigender Menge an den Augen vorüberzog, so konnte man in die friedliche „rückblickende" Abteilung hinaufgehen. Dort gab es alles, was man seit der Zeit der ersten Entdecker hatte sammeln können: die Originalmanuskripte über die elektrischen Entdeckungen von GALVANI, selbstgemachte Originalinstrumente, mit denen VOLTA, ÖRSTED, AMPÈRE, FARADAY ihre Entdeckungen gemacht hatten. Es waren die einfachsten und bescheidensten Dingelchen, die man sich denken konnte. Aber sie bildeten die Grundlage der ganzen Revolution der Wissenschaft und der Welt, die mit dem Namen „Elektrizität" verbunden ist. Das konnte zum Nachdenken veranlassen. Diese Wissenschaftler hatten mit den bescheidensten Mitteln an ihren weltfremden Problemen gearbeitet. Weder sie selbst noch sonst jemand konnte in diesen wissenschaftlichen Kuriositäten etwas praktisch Nutzbares oder etwas unmittelbar Zinsentragendes entdecken. Erst die Zinseszinsen, die der folgenden Generation zugute kommen, zeigten der Welt den wirklichen Wert dieser weltfremden Kleinarbeit.

Die Ausstellung wurde sofort ein Publikumserfolg, wie ihn sonst nur Kunstausstellungen haben. Vor den einzelnen Zellen, in denen man die Musik von der Oper im Telephon hören konnte, standen die Besucher in endlosen Reihen, um nach einer Stunde Wartezeit oder länger eine oder zwei Minuten lang die Musik zu hören. Alles war neu und überraschend. Das mystische Wort Elektrizität zog. Man näherte sich mit Spannung dem Industriepalast und ahnte nicht, was man innerhalb seiner Wände sehen

Die norwegische Abteilung auf der elektrischen Ausstellung in Paris 1881. Rechts, hinter dem Tisch mit den zwei Schiffskompassen, sieht man den Tisch mit BJERKNES' hydrodynamischen Instrumenten.

würde. Ich erlebte ein bezeichnendes Beispiel. Eine ältere Dame trat auf mich zu, starrte auf die Maschinen und Instrumente und fragte: ,,Pardon, Monsieur, où est l'électricité?"

Man konnte sich nicht recht vorstellen, daß das kleine Norwegen in dieser Welt von neuen Sensationen bemerkt werden oder sich hervortun könnte. Was das Äußere anlangt, so trug auch unsere Ausstellung das Gepräge der Armut. Die Ausstellungstische waren so wackelig, daß man das Publikum bitten mußte, sich nicht zu stark dagegen zu lehnen. Sie waren mit billigem Stoff umkleidet, um ihre gar zu große Hinfälligkeit zu verdecken. Wir hatten keine Mittel, um einen passenden Rahmen oder Hintergrund für die Ausstellungsgegenstände zu schaffen. Als billigste Dekoration, die beschafft werden konnte, war die Wand hinter unserer Ausstellung mit norwegischen Flaggen bedeckt, die wir von der Marine geliehen hatten. Zwischen diesen Flaggen waren die verschiedenen norwegischen Stadtwappen angebracht. In der Mitte befand sich zuerst eine eigentümliche Komposition unseres ehrenwerten Dekorationsmalers: eine Dame, die mit einem Schild einen Blitzstrahl auffing. Diese Dekoration hatte früher als eine Versicherungsreklame gedient. Jetzt sollte sie die Elektrizität darstellen. Vor der endgültigen Eröffnung hatte aber unser Kommissar genug guten Geschmack, um dieses Symbol gegen einen norwegischen Löwen zu vertauschen, allerdings zum großen Kummer der französischen Arbeiter, welche fragten, warum wir „La République" entfernt hatten. Auf dem längsten Ausstellungstisch hatten die hydrodynamischen Instrumente ihren Platz. Daneben hatte der bekannte Instrumentenmacher C. H. G. OLSEN die Typendruck-Telegraphenapparate ausgestellt, die ihm so viel Anerkennung in Form von Goldmedaillen, aber nie einen materiellen Gewinn verschafften. Daneben waren noch einige Schnurrpfeifereien, wie der ausgestopfte Hackspecht unseres Telegraphenamtes und ein Telegraphenpfahl, den ein solcher Vogel durchlöchert hatte, weil er durch den singenden Ton im Pfahl geglaubt hatte, etwas darin zu finden.

Den großen Andrang wissenschaftlich Interessierter erwartete man erst im September. Dann sollte der erste internationale elektrische Kongreß zusammentreten, um unter anderem über die Festsetzung der elektrischen Einheiten zu verhandeln. Gleichzeitig sollte die Jury arbeiten und öffentliche Vorträge und Vorführungen veranstaltet werden. Aber unser Reisegeld reichte nicht, um so lange zu bleiben. Es galt zu tun, was man in der Zeit der ersten Verwirrung tun konnte. Eine besondere Vorführung mit Vortrag zu veranstalten, erwies sich als unmöglich.

MASCART befand sich auf einem meteorologischen Kongreß in Petersburg. Wir konnten nichts anderes tun, als denen zur Verfügung zu stehen, die zufällig vorbeikamen und fragten, wozu diese Instrumente, die anders aussahen als die übrigen, dienen sollten. Und es zeigte sich, daß sie dadurch, daß sie von allem abstachen, was man sonst sah, die Aufmerksamkeit der Kenner erregten.

Schon am dritten Tag nach Eröffnung der Ausstellung hatte ein kleiner Mann mit buschigen Brauen den Wunsch ausgesprochen, zu erfahren, wozu diese Instrumente dienten. Es zeigte sich, daß er der Erfinder des Mikrophons, HUGHES, war. Ich zeigte ihm ein paar Experimente. Sie machten ihm sofort Eindruck, und er bat, mit einigen Freunden wiederkommen zu dürfen, um sie so vollständig wie möglich zu sehen. Diesen Anlaß benutzte BJERKNES zu einer kleinen improvisierten Vorführung. In der unbekannten Gruppe befand sich außer HUGHES auch Professor GEORGE FORBES, Korrespondent der englischen „Nature", und M. G. GEROULT, der wissenschaftliche Korrespondent der „Indépendance Belge". Diese beiden kamen immer wieder zu den Demonstrationen, die nun täglich für zufällig anwesende Zuhörer gemacht wurden. Das Interesse stieg. Es war deutlich zu bemerken, daß das Gerücht von diesen Experimenten sich unter den wissenschaftlich Interessierten ausbreitete.

Mit dem 17. August kam aber unwiderruflich der Tag, an dem BJERKNES seine Heimreise antreten mußte. Aber er beschloß, mich noch vierzehn Tage dazulassen, bis der „Kong Magnus" das nächste Mal Havre verließ. Das erste, was ihn erwartete, als er nach Hause kam, war eine Anfrage des Ministeriums, ob seine Experimente jetzt als abgeschlossen betrachtet werden könnten, so daß die Bewilligung eines Mechanikers, die er vor einem Jahr erhalten hatte, jetzt wieder fortfallen könnte. Er erhielt den Eindruck, als ob seine Arbeiten aus unbekannten Gründen wieder in Mißkredit geraten waren. Aber gleichzeitig begannen die Nachrichten über das Aufsehen, das die Experimente in Paris erweckt hatten, ihren Weg auch in unsere Presse zu finden. So schrieb Professor FORBES in „Nature":

„Vom wissenschaftlichen und rein theoretischen Gesichtspunkt aus gibt es in der ganzen elektrischen Ausstellung in Paris nichts Interessanteres als die merkwürdige Sammlung von Apparaten, die Dr. C. A. BJERKNES aus Christiania ausgestellt hat und die die grundlegenden elektrischen und magnetischen Erscheinungen durch die analogen hydrodynamischen illustrieren sollen. — Ich will versuchen, eine klare Beschreibung dieser Experimente und der angewandten Apparate zu geben, aber keine Beschreibung kann einen Begriff von der wunderbaren Schönheit der Experimente geben, bei denen auch die Apparate von ausgesucht bester Bauart sind. Jedes Resultat, das im Experiment gezeigt wird, wurde früher von Prof. BJERKNES als Resultat seiner mathematischen Untersuchungen vorausgesagt ..."

In der „Indépendance Belge" berichtete M. GEROULT:

„Ich sagte in meinem ersten Brief, daß man von der wirklichen Natur der Elektrizität absolut nichts wisse. Seit ich in der norwegischen Abteilung die merkwürdigen Apparate von Herrn BJERKNES gesehen habe, bin ich nicht mehr sicher, die Wahrheit gesprochen zu haben ... BJERKNES' Apparate erwecken, besonders bei den zuständigen Theoretikern, wirkliche und berechtigte Bewunderung."

Die Worte zeigten, daß die Experimente leicht zu große Erwartungen wecken konnten. Aber auf jeden Fall wurde es bei solchen Aussprüchen eine Art nationale Angelegenheit, BJERKNES nicht gerade in diesem Augenblick seiner Hilfsmittel zu berauben und sein Vorhaben im besten Fortschritt abzubrechen. Die Bewilligung des Mechanikers wurde nicht im Budget gestrichen und eine kleine Summe zur Verfügung gestellt, damit ich auf meinem Posten in Paris bleiben konnte. Das Telegramm hierüber erreichte mich, als ich gerade die Heimreise antreten wollte.

Ich hatte inzwischen eine anstrengende Zeit durchgemacht. Ich schrieb damals: „Ich kann kaum die Apparate mit einem Tuch abtrocknen, ehe wieder Leute kommen, die sie sehen wollen." In der ersten Zeit zeigten viele große Skepsis. Es gab sogar einige, die uns einen Betrug mit versteckten Magneten zutrauten. Aber das verging bald. Es war oft schwierig, die Illusion zu zerstören, daß die Experimente schon die Lösung des Rätsels vom Wesen der Elektrizität gaben. Ich mußte immer wieder hervorheben, daß die Tatsache, daß die Kraft nicht gleich, sondern entgegengesetzt der elektrischen oder magnetischen war, ein absolutes Hindernis dafür bildete, die elektrischen Erscheinungen unmittelbar durch die hydrodynamischen zu erklären. Am besten gelang es mir, die Umkehrung klarzumachen, wenn ich auf die Figuren der Kraftfelder (S. 153, 154) deutete und hervorhob, daß bei gleichem Aussehen des Feldes die pulsierenden Kugeln sich anziehen, während die Magnetpole sich abstoßen, und umgekehrt. Ich schrieb über diese Schwierigkeiten nach Hause: „Das Gewöhnliche ist nicht, daß man Opposition gegen diese Dinge macht, sondern im Gegenteil, man will nicht einmal von einer Umkehrung hören. Die meisten glauben, daß die Umkehrung in der Definition von Nord- und Südpol liegt, und ich muß fast ständig darüber aufklären, daß es sich nicht so verhält. Die Gleichheit ist allzu schlagend für sie, und es wäre schlimm, wenn sie zu optimistisch werden." Und etwas später: „Das Unglück ist nur, daß viele allzu begeistert sind, das kann später schaden. Sie glauben, daß wir den Stein der Weisen gefunden haben."

Es gab kein Mittel, die kompetenten Zuschauer von denen zu unterscheiden, die nur aus Neugierde, ohne Voraussetzungen, kamen. Aber es geschah immer öfter, daß Männer mit berühmten Namen nach den Vorführungen vortraten und sich vorstellten oder ihre Visitkarten schickten und darum baten, ob sie die Versuche zu einer Zeit sehen könnten, wo sie nicht vom großen Publikum gestört würden. In der ersten Zeit kamen besonders die großen Erfinder, die von Anfang an bei der Ausstellung waren, um auf ihre eigenen Ausstellungen zu achten. Um einige Namen zu nennen: der schon erwähnte HUGHES, der Erfinder des Mikrophons, GASTON PLANTÉ, der Erfinder des Akkumulators, J. W. SWAN und H. S. MAXIM, neben EDISON die Erfinder der elektrischen Glühlampe, ALEXANDER GRAHAM BELL, der Erfinder des Telephons. Alle nannten mit Begeisterung die hydrodynamischen Versuche „das Beste der ganzen Ausstellung".

Als sich die Zeit des elektrischen Kongresses näherte, kamen immer mehr Wissenschaftler, alte und junge. Damals noch jung und unberühmt waren z. B. RÖNTGEN, KAMMERLENGH ONNES und MICHELSON, die späteren Nobelpreisträger. Und es ist kaum eine Übertreibung, wenn man sagt, daß die meisten Physiker, die damals einen Namen hatten, dorthin kamen. Es war ganz eigentümlich für mich, der ich damals ein Student von neunzehn Jahren war, den großen Männern jener Zeit einen Vortrag zu halten, z. B. KIRCHHOFF, WILLIAM CROOKES, ERNST MACH, oder gleichzeitig für acht wohlbekannte deutsche Professoren: KUNDT, WARBURG, WÜLLNER, LORBERG, KOHLRAUSCH, QUINCKE, SOHNCKE, RÖNTGEN. Oder für eine andere ausgesuchte Gesellschaft, bestehend aus Sir WILLIAM THOMSON (dem späteren Lord KELVIN) mit seiner Frau und den beiden berühmten Brüdern Dr. WERNER SIEMENS und Sir WILLIAM SIEMENS. Sir WILLIAM THOMSONS Fragen vergaß ich nie. Sie zeigten, wie phänomenal schnell er auffaßte und wie er die Sache sofort durchschaute.

Es gab oft Überraschungen, wenn ich hörte, wen ich als Zuhörer gehabt hatte. Einmal kam ein ernst und kräftig aussehender Mann mit seiner Frau, zwei Söhnen und einer Tochter, begleitet von einem Vertreter eines großen englischen Ausstellers. Es kam zu einer sehr gründlichen Vorführung von mindestens einer Stunde. Nach den eingehenden Fragen zu urteilen, war ich nicht im Zweifel, daß es eine Professorenfamilie war. Er ging mit den Worten: „Das ist das Merkwürdigste, was ich gesehen habe" und gab mir eine Visitkarte, auf der stand: MARQUIS OF SALISBURY. Er war dafür bekannt, daß er seine Erholung von seiner politischen Arbeit, damals als Führer der Opposition, später mehrere Male als Premierminister, in ernsten physikalischen und chemischen Studien suchte. Die „Times" enthielt sofort ein langes Telegramm: „Lord SALISBURY besuchte heute die Ausstellung und machte sich mit einer großen Anzahl der interessantesten Ausstellungsgegenstände bekannt, die er mit großer Genauigkeit besichtigte ... Lord SALISBURY interessierte sich besonders für die hydrodynamischen Instrumente von Dr. BJERKNES aus Christiania in

der norwegischen Abteilung. Dieser hat unsere mathematischen Kenntnisse der Bewegung von Flüssigkeiten sehr vergrößert und ist zu einer ganzen Reihe von Analogien zwischen den hydrodynamischen und den elektrischen Erscheinungen gelangt ...
... Er illustriert alle seine mathematischen Entdeckungen auf diesem Gebiet mit den schönsten Experimenten, und diese bilden eines der interessantesten Dinge auf der ganzen Ausstellung, vom wissenschaftlichen Standpunkt aus betrachtet."

Ein andermal kam ein junger, aristokratisch aussehender Amerikaner an meinen Tisch und fragte, ob er die Experimente sehen könne. Ich kenne nicht seinen Namen und weiß nicht, was für ein Mann er war. Aber er folgte den Versuchen mit großem Interesse, dankte mit der größten Verbindlichkeit und sagte, daß er nur von Amerika herübergekommen sei, um dies zu sehen. Gleich nachdem er Professor FORBES' Bericht in der „Nature" gelesen hatte, war er abgereist, und nach dem, was er nun gesehen habe, „bedaure er nicht die tausend Meilen".

Es war interessant, zu beobachten, wie die verschiedenen Nationen reagierten. Die Engländer waren am besten auf das Neue vorbereitet. Sie hatten ihren FARADAY und MAXWELL gehabt. Sie erwarteten einen Durchbruch in der Richtung, die diese Versuche andeuteten. „Das hätte MAXWELL sehen sollen", war ein Ausspruch, der immer wiederkehrte. Viel mehr als eine Überraschung wirkte es auf die Deutschen, woraus endlose Gespräche mit den gründlichen Professoren entstanden. Der Ausspruch der Franzosen „eine neue Welt" konnte man wohl oft der französischen Höflichkeit zugute schreiben, und sie waren auch vielleicht am wenigsten geneigt, die augenscheinlich klassisch vollkommenen Fernwirkungstheorien gegen die noch unklar gärenden Feldtheorien aufzugeben. Aber auch sie waren nicht ganz unvorbereitet. „Das hätte AMPÈRE sehen sollen", hörte ich einen alten Physiker sagen. Er hatte diesen großen Entdecker in seinen Vorlesungen starken Zweifel an der Realität der Fernwirkungen aussprechen hören, ohne daß er aber einen Weg sah, ohne sie auszukommen.

Gegen Schluß des Kongresses kam BJERKNES selbst wieder nach Paris und hatte Gelegenheit, mit dessen hervorragendsten Mitgliedern zu sprechen und einigen der bedeutendsten, wie HELMHOLTZ, WIEDEMANN und anderen, die Experimente selbst vorzuführen.

Bei seiner Teilnahme an der Ausstellung hatte er nur an die Gelegenheit gedacht, seine Experimente bekannt zu machen. An einer Konkurrenz teilzunehmen, lag ihm ganz fern, und er verhandelte mit unserem Kommissariat darüber, daß seine Instrumente außerhalb des Wettbewerbes bleiben sollten. Das Kommissariat sah es nicht gern, da es auf eine große Belohnung für Norwegen hoffte. Während diese Verhandlungen noch schwebten, kam ein Erlaß, daß alle ausgestellten Gegenstände dem Urteil der Jury unterworfen werden müßten. Die Lage wurde aus mehreren Gründen unangenehm empfunden. Es war überhaupt keine Ausstellungskategorie oder Jurygruppe für Instrumente dieser Art vorgesehen. Aber es wurde mitgeteilt, daß eine Lösung gefunden werden würde. Die Jury beendete ihre Arbeit, und die Preise wurden in einer feierlichen Versammlung im großen Saal des nationalen Musikkonservatoriums verteilt, unter dem Präsidium des Post- und Telegraphenministers M. COCHERY.

In seiner einleitenden Rede betonte der Minister, daß es das erstemal war, daß die Wissenschaft eine internationale Spezialausstellung veranstaltet hatte. Weiter hob er hervor, daß diese Ausstellung, obwohl sie auf die Elektrizität und ihre Anwendung beschränkt gewesen war, den ganzen Industriepalast gefüllt hatte, der fünfundzwanzig Jahre vorher für eine ganze Weltausstellung gereicht hatte. MASCART, der der Berichterstatter der Jury war, schloß seine Rede mit den Worten, daß jeder, der die Ausstellung gesehen habe und sich Rechenschaft über die Resultate gegeben habe, die in einer so neuen Wissenschaft erreicht worden waren, erkennen mußte, daß sich hier eine neue Welt als Wirkungsfeld der menschlichen Intelligenz geöffnet habe.

Darauf wurde die Liste der Belohnungen verlesen. Die höchste persönliche Belohnung, das Ehrendiplom, wurde elf Ausstellern zugeteilt. Es waren:

Vier Franzosen: BAUDOT (Telegraphenapparate), MARCEL DEPREZ (Kleinmotoren, Elektrizitätsverteilung), GRAMME (Dynamomaschine), PLANTÉ (Akkumulator).

Zwei Engländer: HUGHES (Typendrucktelegraphie, Mikrophon) und Sir WILLIAM THOMSON (elektrische Meßapparate, Apparate für Kabeltelegraphie).

Zwei Amerikaner: BELL (Telephon) und EDISON (Glühlampe, Elektrizitätsverteilung usw.).

Ein Deutscher: Dr. WERNER SIEMENS (Dynamomaschine, Kraftübertragung, elektrische Eisenbahn usw.).

Ein Italiener: PACINOTTI (Dynamomaschine).

Ein Norweger: BJERKNES.

Dieses Mal trat das kleine Norwegen als einziges der kleinen Länder unter lauter Großmächten auf.

Die Faraday-Maxwellsche Theorie.

Daß BJERKNES' Experimente so großes Aufsehen auf der elektrischen Ausstellung erregt hatten, lag nicht zum wenigsten an der vorhandenen wissenschaftlichen Lage: Die bis zum äußersten gehende Fernwirkungslehre befand sich auf dem Rückzug. Der erste Schritt rückwärts war die Anerkennung eines Lichtäthers gewesen. Was EULERS Argumentation nicht erreichen konnte, das erreichten die Experimente von FRESNEL. Die NEWTONsche Emanationstheorie des Lichtes mußte endgültig der alten HUYGHENschen Wellentheorie weichen. Dadurch kehrte der Äther als ein raumerfüllendes Medium zurück. Aber man wollte daraus nicht die Konsequenz ziehen, daß der Äther etwas mit der Schwere oder den elektrischen und magnetischen Fernwirkungen zu tun habe.

Hier griff MICHAEL FARADAY ein. Er stand in einer Weise außerhalb des Kreises der Fachphysiker. Das hielt ihn frei von der leitenden Wegspur der Tradition. Das kann den großen Denkern die Freiheit geben, die sie brauchen, um ganz neue Wege einzuschlagen. FARADAY war der Sohn eines Grobschmiedes, wurde selbst Buchbinderlehrling und erwarb seine ersten Kenntnisse durch das Lesen der Bücher, die er einband. Seine Ausbildung zum Physiker und Chemiker erhielt er als Laboratoriumsdiener bei Sir HUMPHREY DAVY, dem Entdecker der Elektrolyse, der Alkalimetalle und des elektrischen Lichtbogens. Statt die Erscheinungen aus Büchern kennenzulernen, sah er sie mit eigenen Augen und konnte darüber nachdenken. Er wurde DAVYS Nachfolger als Professor an der Royal Institution in London und setzte hier den Schlußstein der Reihe der grundlegenden elektrischen Entdeckungen durch den Nachweis der elektrischen Induktion. Diese Entdeckung schuf die moderne Elektrotechnik und wurde zusammen mit einer anderen FARADAYschen Entdeckung die Grundlage der modernen MAXWELLschen Elektrizitätstheorie.

Diese andere Entdeckung FARADAYS war die Beobachtung, daß ein dazwischenliegender Körper C in das eingriff, was man die „Fernwirkung" zwischen den beiden

MICHAEL FARADAY 1791—1867.

elektrischen Körpern A und B oder den Magneten A und B nannte. Er zog für seinen Teil daraus den Schluß, daß, wenn etwas Dazwischenliegendes überhaupt eingreifen konnte, die ganze Wirkung zwischen A und B auf etwas Dazwischenliegendem beruhen müsse, dem dielektrischen Medium, wie er es nannte und von dem er annahm, daß es den ganzen Raum ausfüllte. Dieses Medium hielt er für den eigentlichen Sitz der elektrischen und magnetischen Erscheinungen. Was für uns wie Fernwirkungen aussieht, sind nur mehr zufällige Äußerungen dessen, was vor unseren Augen verborgen in dem dielektrischen Medium vor sich geht. Wir können diesen Gedanken nicht besser illustrieren als mit dem Hinweis auf die hydrodynamischen Experimente, die FARADAY nicht kannte. Die hydrodynamischen Erscheinungen haben ihren Sitz in der Flüssigkeit, die das Gefäß füllt, und die für unsere Augen sichtbare Anziehung zwischen pulsierenden Kugeln ist eine zufällig in die Augen fallende Wirkung der dahinter verborgenen Bewegung der Flüssigkeit, die man nicht sieht.

FARADAY hatte sich nicht zum Mathematiker ausbilden können. Er vermochte nicht, seine neue Ansicht über die elektrischen Erscheinungen in eine mathematische Form zu bringen. Trotz seines großen Ansehens als Entdecker neuer Naturerscheinungen wurde daher seine theoretische Auffassung von den führenden Theoretikern seiner Zeit übersehen, abgesehen von zwei jungen Landsleuten: von WILLIAM THOMSON, dem späteren Lord KELVIN, und JAMES CLERK MAXWELL. Für sie wurde FARADAY, was EULER für BJERKNES gewesen war.

THOMSON war der erste, der hervorhob, daß FARADAYS Ansicht, obwohl auf der entgegengesetzten Grundanschauung aufgebaut, der Fernwirkungstheorie ebenbürtig war, wenn es galt, die elektrischen und magnetischen Erscheinungen, die man bis dahin kannte, zu beschreiben. Er trug viel dazu bei, die Vorstellung von den elektrischen und magnetischen Feldern zu entwickeln und zur Arbeit nutzbar zu machen, und zeigte z. B., wie man sie bei den verwickelten Verhältnissen im Innern permanenter Magnete oder in Körpern mit innerer elektrischer Polarisation, wie es die pyroelektrischen Kristalle sind, definieren kann.

Aber MAXWELL ging tiefer. Zuerst von THOMSON angeregt, löste er die Aufgabe vollständig, die FARADAYschen Ideen in eine mathematische Form zu bringen. Das wurde die berühmte MAXWELLsche Theorie. Es zeigte sich, daß sie nicht nur die bis dahin bekannten elektrischen und magnetischen Erscheinungen ebenso gut wie die anderen Theorien erklärte. Sie umfaßte mehr. Sie zeigte, daß ein Zusammenhang zwischen den elektromagnetischen Erscheinungen und dem Licht bestand. Das FARADAYsche dielektrische Medium, das die elektrischen und magnetischen Wirkungen in der Entfernung übertragen sollte, konnte nach MAXWELL nicht verschieden sein von dem FRESNELschen Lichtäther, der die Lichtwellen übertrug. Und in der Feststellung dieses vollkommenen Zusammenhanges zwischen den elektrischen und den optischen Erscheinungen war gleichzeitig die Prophezeihung der noch nicht entdeckten elektrischen Wellen enthalten, die in unseren Tagen zu den Wundern der drahtlosen Telegraphie und Telephonie geführt hat.

Was zur Zeit der elektrischen Ausstellung begonnen hatte, von der FARADAY-MAXWELLschen Theorie bekannt zu werden, war die allgemeine Vorstellung von elektrischen und magnetischen Feldern. Man begann, sie anschaulich und praktisch zu finden. Aber an ihre Realität zu glauben oder gar an ihre Fähigkeit, Fernwirkungen hervorzubringen, war eine andere Sache. Hier hatte auch die Theorie eine fühlbare Lücke. Sie behauptete nur, daß es so war, konnte aber nicht den geringsten Anhalt geben, wie so etwas möglich sein könnte.

Hier wirkten BJERKNES' Experimente, man kann gern sagen, wie eine Offenbarung. Sie zeigten handgreifliche Bilder von Bewegungsfeldern in einer Flüssigkeit.

JAMES CLERK MAXWELL 1831—1879.

Diese Bewegungsfelder ließen sich durch genau dieselben Kurvensysteme wie die FARADAY-MAXWELLschen Kraftfelder darstellen. Und die Bewegungsfelder übten Kräfte aus, ganz wie die elektrischen oder magnetischen Felder. Die Kräfte hatten das Aussehen von Fernkräften, aber sie hatten nichts zu tun mit einer mystischen Fähigkeit der Körper, dort zu *wirken*, wo sie *nicht sind*. Alles war eine logische Folge der *Selbstbehauptung* der Körper *dort, wo sie sind*: Die Körper verlangten den Platz des Wassers, und das Wasser verlangte den Platz der Körper auf eine solche Art, daß die Körper zueinander getrieben wurden, alles nach Gesetzen, die man nach den hydrodynamischen Gleichungen berechnen konnte. Alles war die einfache Folge der drei Grundeigenschaften, die EULER sowohl dem Medium wie den Körpern zuschrieb, nämlich Ausdehnung, Undurchdringlichkeit und Trägheit. Die Natur konnte also Fernwirkungen hervorbringen auf die Art, wie es sich in alter Zeit EULER, später FARADAY und MAXWELL gedacht hatten. Mit den einfachsten mechanischen Mitteln entstanden Erscheinungen von unvergleichlicher Einfachheit und Harmonie. Das Auffallendste war das eigentümliche Widerspiegeln der elektrischen und magnetischen Erscheinungen, das diese hydrodynamischen Erscheinungen ergaben. Das Spiegelbild gab klar und scharf jede Einzelheit, aber immer mit negativer oder Spiegelbildgleichheit in bezug auf die Fernwirkung.

Daß das Bild negativ und nicht positiv in bezug auf die Kraftwirkungen ist, zeigt, daß man damit noch nicht die vollständige Erklärung der elektromagnetischen Erscheinungen vor sich hat. Aber ein durchgehender Unterschied solcherart braucht, wie schon hervorgehoben, keine Unvereinbarkeit der beiden Erscheinungsreihen zu bedeuten. Viele Umstände können eine Kraft dazu bringen, die Richtung zu wechseln.

Ohne gerade die Lücke in der MAXWELLschen Theorie auszufüllen, kamen so BJERKNES' Experimente gerade zur rechten Zeit für diejenigen, die der Grundanschauung der MAXWELLschen Theorie zweifelnd gegenüberstanden. Aber abgesehen davon, daß diese Grundanschauungen Boden gewannen, blieb MAXWELLS Theorie als Ganzes, besonders in ihren wichtigsten Teilen, unverstanden. MAXWELL selbst war 1879 gestorben, der neuen Richtung fehlte der Führer.

Der Umschlag erfolgte erst am Ende der achtziger Jahre. Damals gelang es HERTZ, von MAXWELLS Theorien inspiriert, experimentell die Existenz der elektrischen Wellen nachzuweisen, welche die Theorie prophezeit hatte. Seine Experimente bewiesen, daß diese Wellen, deren Länge nach Metern gemessen wird, ähnlicher Art waren wie die Lichtwellen, deren Länge nach zehntausendsteln Millimetern gemessen wird. Die elektromagnetische Lichttheorie mußte damit als bewiesen gelten. Und mehr als das. Die Existenz von elektrischen Wellen im freien Raum lag ganz außerhalb der Vorstellungswelt der Fernwirkungstheorie. Die Fernwirkungen mußten aufgegeben werden, auf jeden Fall im ganzen Bereich der elektromagnetischen Erscheinungen. Und damit fiel der Glaube an sie auf der ganzen Linie. Das war die größte Revolution in der Physik seit NEWTONS Zeit.

Nach der Entdeckung der elektrischen Wellen, die, wie bekannt, die Grundlage für die drahtlose Telegraphie unserer Zeit geworden ist, machte sich HERTZ an theoretische Arbeiten, um die Lage nach der großen Entdeckung zu klären. In einer mathematischen Abhandlung gab er eine vereinfachte Darstellung der MAXWELLschen Theorie, und diese erst brachte den Physikern seiner Zeit das Verständnis von dem Kern der Theorie. Und darauf ging er an das, was er für die Grundlage des Ganzen hielt: eine neue Darstellung der Mechanik, worin die Vorstellung von materiellen Zwischengliedern

HEINRICH HERTZ 1857—1894.

an die Stelle der Vorstellung von Kräften trat. Diese Mechanik wurde sein wissenschaftliches Vermächtnis. Er hatte das Manuskript so gut wie abgeschlossen, als er von einem zu frühen Tode am 1. Januar 1894 dahingerafft wurde.

In dieser Mechanik verfolgt also HERTZ ganz ähnliche Ziele, wie BJERKNES es immer getan hat. Er versucht hierin die *allgemeine* Grundlage für eine Naturauffassung zu geben, in der unvermittelte Fernkräfte keinen Platz haben, während BJERKNES *spezielle* Formen der Vermittlung von Fernkräften studiert hat. Es ist interessant, daß HERTZ in seiner Darstellung auf dieselbe Schwierigkeit stößt, die BJERKNES fünfundzwanzig Jahre früher traf, daß die durch Zwischenglieder übertragenen Fernwirkungen im allgemeinen nicht dem Grundsatz gleicher Wirkung und Gegenwirkung gehorchen. HERTZ fand aber in seinem allgemeineren Problem keinen Weg an dieser Schwierigkeit vorbei, was BJERKNES in seinem spezielleren Problem geglückt war.

Die Entwicklung nahm also in den achtziger und im Anfang der neunziger Jahre entschieden dieselbe Richtung ein, die BJERKNES immer in seinen Arbeiten verfolgt hatte. Insofern wurde die Lage günstig für ihn. Aber die Klarheit, welche die Forschungen von HERTZ brachten, kam zu spät, um ihm zugute zu kommen. Er mußte mit den Schwierigkeiten kämpfen, ehe diese Klarheit gewonnen war. Er war selbst zu wenig Physiker, als daß er an der Arbeit für diese Klarheit hätte mitschaffen können. Und nach dem großen Durchbruch war er zu alt geworden, um sich in der neuen Sachlage zurechtzufinden. Seine Arbeit war von nun an mit einem Kampf gegen dauernd steigende Schwierigkeiten verbunden.

Rotierende Zylinder und ihre Analogie mit elektrischen Strömen.

Die Reise zur elektrischen Ausstellung hatte das Studium von hydrodynamischen Erscheinungen unterbrochen, die mit den Erscheinungen des elektrischen Stromes analog waren. Die Bekanntschaft mit den FARADAY-MAXWELLschen Vorstellungen von Feldern hatte BJERKNES auf die rechte Spur gebracht. Früher hatte er, im Anschluß an die Vorstellungen der Fernwirkungslehre, tastend nach hydrodynamischen Wirkungen gesucht, die den elektrodynamischen „Elementargesetzen" entsprechen sollten, wie dem AMPÈREschen, dem REYNARDschen, dem GRASSMANNschen oder den Versuchen zur Darstellung der „Grundgesetze", wie dem WEBERschen. Auf diese Versuche hatte er am Ende der siebziger Jahre viel Arbeit verwendet. Aber nachdem die Felder S. 155 gezeichnet waren, bestand kein Zweifel mehr darüber, was nun zu tun war. Die Rechnung zeigte auch, daß die rotierenden Zylinder aus der Entfernung aufeinander wirken wie elektrische Ströme, nur wie immer mit umgekehrter Kraftrichtung. Gleich rotierende Zylinder stoßen sich ab, während gleichgerichtete elektrische Ströme sich anziehen (S. 155, II). Und entgegengesetzt rotierende Zylinder ziehen sich an, während entgegengesetzt gerichtete elektrische Ströme sich abstoßen (S. 155, III). Die entsprechenden Experimente waren leicht auszuführen und zeigten sehr deutlich die Abstoßung zwischen gleich rotierenden und die Anziehung zwischen entgegengesetzt rotierenden Zylindern. Sie wurden zuerst in Wasser ausgeführt, aber es zeigte sich, daß sie mit leichtgebauten Papierzylindern auch in der Luft ausgeführt werden konnten.

Diese Experimente wurden im Lauf des Frühjahrs 1882 ausgeführt. Genauere Daten liegen aber nicht vor, da BJERKNES mit seinen Vorträgen und Demonstrationen in der Gesellschaft der Wissenschaft aufgehört hatte. Dies ist sehr zu beklagen. Denn die Fundamentalerscheinung, die er aus

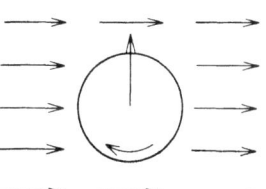

Rotierender Zylinder in einem Strom. Er wird quer zum Strom getrieben, von der Seite, wo seine Peripheriegeschwindigkeit gegen den Strom geht, nach der Seite, wo seine Peripheriegeschwindigkeit mit dem Strom geht.

den hydrodynamischen Gleichungen abgeleitet hatte und die diesen Anziehungen und Abstoßungen zugrunde liegt, ist nichts anderes als der jetzt so bekannte *Rotoreffekt*.

Daß verschiedene vor ihm mit diesem jetzt als so wichtig angesehenen Effekt in Berührung gekommen waren, wußte er nicht. Heute kennen wir aber besser dessen recht interessante Vorgeschichte. Die ersten Entdecker des Rotoreffektes dürften die Australneger sein. Sie werfen ihren Bumerang mit Rotation in die Luft hinaus, und der Rotoreffekt krümmt die Bahn, so daß die Waffe sogar zu ihrem Ausgangspunkt zurückkehren kann. Aber auch die Krieger der westlichen Zivilisation kamen mit demselben Effekt in Berührung, und zwar im Zeitalter der Rundkugeln. Bei ungleichmäßigem Guß fällt der Schwerpunkt einer Kanonenkugel nicht immer mit ihrem Mittelpunkt zusammen. Wenn dann der Schwerpunkt beim Abfeuern nicht genau in der Achse des Kanonenrohres lag, so verließ die Kugel den Lauf um eine Achse senkrecht zur Bahn rotierend. Die Bahn wurde durch den Rotoreffekt abgelenkt, und man schoß abnorm weit, abnorm kurz oder neben das Ziel, die Abweichung lag immer nach der Seite hin, wo vor dem Abfeuern der Schwerpunkt relativ zu der Rohrachse lag. Welche mysteriösen Kräfte dabei im Spiele waren, schien aber mehr als ein Jahrhundert den Ballistikern und auch Hydrodynamikern, wie z. B. EULER, unbegreiflich. Keiner kam auf die rechte Spur, bis MAGNUS in Berlin 1853 sein jetzt so bekanntes Experiment ausführte: Er blies einen Luftstrom gegen einen beweglich aufgehängten rotierenden Zylinder und fand, daß dieser quer zu dem Luftstrom getrieben wurde.

Eine experimentelle Reinkultur der Erscheinung war somit zuwege gebracht. MAGNUS war aber nicht genügend Theoretiker, um das quantitative Gesetz der Erscheinung aus den hydrodynamischen Gleichungen abzuleiten. Auf einen solchen Theoretiker sollte man noch lange warten.

Der erste, der in den vollen Besitz der Theorie dieser Erscheinung kam — ohne aber MAGNUS' Experiment zu kennen —, war, wie wenig bekannt sein dürfte, Lord KELVIN, damals Sir WILLIAM THOMSON. Er untersuchte im Anfang der siebziger Jahre, ähnlich wie BJERKNES, hydrodynamische Analogien zu den Erscheinungen des Magnetismus. Dabei ging er auf zwei verschiedenen Wegen vor, glaubte aber, Grenzen der Analogie auf beiden Wegen festgestellt zu haben, und gab die Weiterarbeit auf. Zu der vollständigen Publikation, auf die er mehrmals hinweist, kam er deshalb nie, und wir kennen seine Resultate nur aus kurzen Mitteilungen, die ohne Beweis gegeben sind[1].

Der eine Weg war durch GUTHRIES Mitteilungen über die akustischen Anziehungen und Abstoßungen veranlaßt. Man sieht, daß er eine tiefe Einsicht in die Analogie dieser Erscheinungen mit denen des induzierten Magnetismus besitzt. Als er aber zu den

---

[1] Papers on Electrostatics and Magnetism, S. 567—587. London 1872.

Erscheinungen des permanenten Magnetismus kommt, sagt er ausdrücklich: „But here the analogy ends."

Auf dem anderen Wege, dem er offenbar größere Bedeutung beilegt, betrachtet er nicht schwingende, sondern permanente Bewegungen. Wenn er hier haltmacht, so geschieht dies, weil er nur eine recht gekünstelte Analogie zum induzierten Magnetismus angeben kann. Von den Erscheinungen des permanenten Magnetismus gibt er aber ein sehr anschauliches hydrodynamisches Bild.

Er betrachtet feste Körper, die von Kanälen durchsetzt sind und die sich in der Flüssigkeit in Ruhe befinden. Die Flüssigkeit führt die wirbelfreie Zirkulation aus, die in dem mehrfach zusammenhängenden Raum außerhalb der Körper möglich ist. KELVIN zeigt dann erstens, daß das Stromfeld in geometrischer Hinsicht mit einem Magnetfelde identisch ist, das sich erzeugen läßt durch ein ganz bestimmtes elektrisches Stromsystem auf den Oberflächen der Körper, und zweitens, daß die Körper scheinbare Fernwirkungen aufeinander ausüben, entgegengesetzt denen, die diese Elektromagnete aufeinander ausüben würden.

Dieser allgemeine Satz enthält den Rotoreffekt als sehr speziellen Fall. Denn sind die Körper zwei unendlich lange, parallele Zylinder, um die die wirbelfreie Zirkulation der Flüssigkeit vor sich geht, so kommt man gleich auf die obenerwähnte Anziehung und Abstoßung elektrischer Ströme. MAGNUS' Experiment kennt aber KELVIN offenbar nicht, sonst würde er darauf als experimentelle Verifikation seiner Theorie hingewiesen haben. Auch die ballistischen Bestätigungen seiner Theorie erwähnt er nicht. Die Allgemeingültigkeit, die KELVIN erreicht hat, ist aber bemerkenswert: Die Querschnittsform des umströmten Zylinders ist gleichgültig, und man kann deshalb von dem KELVINschen Satz aus gleich die KUTTA-JOUKOWSKIsche Formel für den Auftrieb von Tragflächen beliebigen Profils aufschreiben.

Die Theorie des Rotoreffektes mußte aber mehrmals entdeckt werden. Das zweitemal geschah es durch Lord RAYLEIGH am Schlusse der siebziger Jahre. Als Tennisspieler hatte er die abnormen Bahnen beobachtet, denen genügend schnell rotierende

Bälle folgen. Er kennt MAGNUS' Experiment, erklärt die Erscheinung unter Hinweis auf dasselbe und gibt die Theorie dieses Experimentes in einfachster Form. Merkwürdigerweise weist er aber nicht auf die viel allgemeinere Theorie seines Freundes KELVIN hin. Wenn er sie kennt, hat er die nahe Verbindung mit seinem eigenen Rechnungsproblem nicht gesehen, und eine Analogie mit dem Elektromagnetismus erwähnt er überhaupt nicht.

Aber auch Lord RAYLEIGHs Resultat wurde nicht sehr bekannt. Wahrscheinlich ist es als ein zwar recht interessantes, aber nicht sehr wichtiges Kuriosum betrachtet worden, das jetzt auch sein ballistisches Interesse eingebüßt hatte, weil die Geschosse im Zeitalter der gezogenen Geschütze jedenfalls anfangs um eine Achse tangential zur Bahn rotieren. Sein Aufsatz erschien 1878 im „Messenger of Mathematics", der jedenfalls in der Universitätsbibliothek in Christiania (Oslo) nicht vorhanden ist. So wurde auch BJERKNES ein unabhängiger Wiederentdecker des Rotoreffektes, er hatte einen Weg eingeschlagen, auf dem ihm diese Wiederentdeckung nicht entgehen konnte.

Daß er auf einem als unpraktisch und weltfremd angesehenen Wege schließlich zu einem Resultat von so eminent praktischer Bedeutung gelangen sollte, kommt uns wie ein ironisches Nachwort der Geschichte zu dem Streit an unserer Universität von 1869 vor, wo BJERKNES von den Vertretern der technisch-praktischen Richtung aus seiner Stellung als Professor der angewandten Mathematik verdrängt wurde. Aber die eigentümliche Geschichte des Rotoreffektes ist auch damit nicht zu Ende. Aus Gründen, die man weiter unten sehen wird, sollte auch seine Leistung unbeachtet und vergessen dastehen, als in unserem Jahrhundert mit schließlichem Erfolg die Probleme von Tragflächen, Luftschrauben, Propellern und Turbinen von den Aero- und Hydrodynamikern aufgenommen wurden.

Nachdem BJERKNES die Erscheinungen mit den kontinuierlich rotierenden Zylindern gefunden hatte, standen ihm zwei Wege offen, auf denen er möglichst vollständige Analogien mit dem

Elektromagnetismus suchen konnte, nämlich die beiden Wege, auf denen KELVIN seine Vorstöße versucht hatte.

Auf dem einen Wege konnte er an der Vorstellung von kontinuierlichen Rotationen festhalten und das Bild, das die rotierenden Zylinder von den elektrischen Strömen geben, als das grundlegende betrachten. Mit deren Hilfe konnte er Magnete bauen, entsprechend der AMPÈREschen Theorie des Magnetismus. Dadurch hätte er die obenerwähnten Resultate von KELVIN wiedergefunden, und er hätte, wie ich später Gelegenheit gehabt habe zu konstatieren, weit an dem Scheinhindernis vorbeikommen können, an dem KELVIN stehenblieb. Ersetzt man schließlich die ideale Flüssigkeit durch ein Medium mit „gyrostatischen" Eigenschaften, so findet man eine Analogie, die große Gebiete der allgemeinen MAXWELLschen Elektrodynamik umfaßt. Die hier vorliegenden Möglichkeiten sind sicher noch nicht erschöpft.

Diesen Weg schlug BJERKNES aber nicht ein. Ihm lag es näher, die kontinuierlichen Rotationen der Zylinder durch oszillatorische Rotationen im Takt der Pulsationen und Oszillationen zu ersetzen.

Die oszillatorisch rotierenden Zylinder setzen indessen eine Flüssigkeit wie Wasser nicht in nennenswerte Bewegung. Man braucht ein Medium, wo sich Transversalwirkungen fortpflanzen können wie die Wellen im Äther nach FRESNELs Vorstellungen. Von Anfang an betrachtete auch BJERKNES Medien dieser Art in seinen mathematischen Entwicklungen. Bei den ersten Experimenten wurden Gelatinelösungen angewendet. Sie ergaben die richtigen Felder, wie sie in den Figuren auf S. 155 dargestellt sind. Dagegen mißglückten alle Versuche, Anziehungs- und Abstoßungserscheinungen mit der wünschenswerten Deutlichkeit hervorzubringen, aus naheliegenden Gründen: Die Gelatinelösungen hatten zu sehr die Eigenschaften eines festen Körpers.

Als ein praktischer Notbehelf wurden daher die Gelatinelösungen durch zähe Flüssigkeiten wie Glyzerin ersetzt. Dabei erhielt man nicht nur die richtigen Felder von S. 155, sondern auch die Kräfte: Die oszillatorisch rotierenden Zylinder zogen sich an und stießen sich ab, ganz wie die kontinuierlich rotierenden in der Luft oder im Wasser. Die oszillatorisch rotierenden Zylinder übten auch die erwarteten hydromagnetischen Kraftwirkungen auf pulsierende und oszillierende Körper aus, entsprechend den mechanischen Wirkungen des elektrischen Stromes auf einen Magnetpol oder einen Magnet. Mit dem Vorbehalt, daß die Anwendung zäher Flüssigkeiten rein provisorisch war, hatte die Analogie eine sehr bedeutende Erweiterung erfahren: Sie umfaßte nun auch die stationären elektrodynamischen Erscheinungen.

Auch diese Experimente wurden im Frühlingssemester 1882 ausgeführt, zusammen mit den Experimenten mit den kontinuierlich rotierenden Zylindern. Ebensowenig wie diese wurden sie aber bei uns in der Gesellschaft der Wissenschaft vorgeführt. Dagegen wurde die ganze erweiterte Experimentreihe in demselben Sommer auf Einladung in einer Sitzung der Physical Society in London vorgeführt. Obwohl der Vortrag in einer Sprache gehalten wurde (französisch), die sowohl dem Vortragenden wie den Zuhörern fremd war, machte er doch einen starken Eindruck. Ich habe kürzlich, nach mehr als dreißig Jahren, Kollegen getroffen, die anwesend waren und die von dem Vortrag und den Experimenten erzählten, daß sie ihnen unvergeßlich seien. Der Vortrag war wie immer improvisiert, und ein Referat wurde nicht gegeben. Er hoffte immer noch, bald die endgültige Veröffentlichung vornehmen zu können.

Daß die Sache auch außerhalb der eigentlichen Fachkreise Aufsehen erregte, zeigte ein amüsantes Beispiel. In dem englischen Witzblatt „Fun" erschien eine Karikatur mit Text, die in drei Bildern eine Szene zwischen der „Wissenschaft" und der „Welt" darstellt. Unter dem Neuen, mit dem die Wissenschaft die Welt überrascht. sieht man auch die hydrodynamischen Instrumente. Es war überhaupt kein Zweifel, daß das Interesse groß und allgemein war, und daß man mit Ungeduld auf die Vollendung und endliche Veröffentlichung der Theorie wartete.

Aber jetzt begannen die großen Schwierigkeiten sich zu melden, als unumgängliche Folge davon, daß BJERKNES erst so spät sein Lebenswerk beginnen konnte.

Fortgesetzte Wirksamkeit nach 1882.

BJERKNES hatte das Glück, die entscheidende Inspiration für sein Lebenswerk in den Jahren der Empfänglichkeit zu erhalten: er las EULERS Briefe an eine deutsche Prinzessin, während er noch jung war. Aber danach wollte es das Schicksal, daß seine beste Kraft verbraucht wurde, ehe er im Ernst an sein großes Problem herantreten konnte. Er war fünfzig Jahre geworden, ehe er den entscheidenden Durchbruch erlebte. Seine fruchtbarste Periode kam erst zwischen seinem fünfzigsten und siebenundfünfzigsten Jahre. Aber gerade der Fortschritt in diesen Jahren brachte ihn in eine Lage, die die ganze Kraft eines jungen Mannes forderte.

Er hatte sich als Mathematiker ausgebildet. Aber seine mathematische Arbeit hatte ihn mitten in eine fremde Wissenschaft, die Physik, geführt. Er hatte nie Gelegenheit gehabt, sie in jungen Jahren zu studieren. Und er geriet in das unklarste und gärendste Gebiet dieser Wissenschaft, in die Elektrizitätslehre. Wenige oder niemand verstand in dieser Zeit, vor dem Auftreten von HERTZ, die FARADAY-MAXWELLsche Theorie. Was ihre Grundanschauungen betraf, so lag für BJERKNES alles klar. Aber seine allgemeine Grundlage als Physiker war zu schwach. Als Quelle lag außerdem bis jetzt nur MAXWELLS eigenes, schwerfälliges Buch vor, das englisch geschrieben war, einer Sprache, die BJERKNES nie gelernt hatte und sich erst jetzt mühsam anzueignen strebte. Aber dazu kam als das Entscheidende, daß er diese neuen Gebiete betrat, nachdem er über die Jahre der Empfänglichkeit und leichten Aneignung, die der Jugend, längst hinaus war. Das hatte seine unabwendbaren Folgen. Der Fortschritt wechselte jetzt mit Zeiten vergebener Arbeit und dem Wandern auf Irrwegen.

Wie schon erwähnt, hatte er als vorläufigen Notbehelf zähe Flüssigkeiten eingeführt. Dieser Notbehelf steht in naher Verbindung mit einer wohlbekannten Schwierigkeit in der Physik. Als FRESNEL gefunden hatte, daß die Lichtwellen transversal waren, sah er sich genötigt, dem Lichtäther eine Elastizität von ähnlicher Art zuzuschreiben, wie sie der feste Körper besitzt. Für die mechanische Lichttheorie hat immer die Schwierigkeit bestanden, diese Eigenschaft des raumfüllenden Mediums mit der freien Bewegung der Körper durch den Raum in Einklang zu bringen. Die zähen Flüssigkeiten verbinden den Vorteil, daß sie den freien Durchgang zulassen, mit der Fähigkeit, eine gewisse Art von Transversalwirkungen fortzupflanzen. Allerdings sind diese Transversalwirkungen nicht solche, wie eine mechanische Theorie der Optik oder Elektrodynamik sie verlangen müßte. Obwohl es prinzipiell unmöglich war, den Äther als eine zähe Flüssigkeit aufzufassen, fand BJERKNES es deshalb doch interessant, zu untersuchen, bis zu welcher Grenze man sich noch mit Vorteil dieser Vorstellung bedienen konnte.

Bei seinen theoretischen Arbeiten hierüber machte er eine Beobachtung, die ihn interessierte: Die Ähnlichkeit zwischen den hydrodynamischen und den elektrischen Formeln schien sich bedeutend weiter auszudehnen, wenn er der Grenzflächenbedingung der Reibungswirkung etwas veränderte Form gab. Nun ist diese Grenzflächenbedingung in sich nicht so streng begründet, daß man nicht berechtigt wäre, veränderte Formen zu versuchen, deren Richtigkeit durch die Folgen geprüft werden müssen. Diesem Wege folgte er. Er unternahm große Rechenarbeiten, um die Folgerungen zu ziehen, die dann experimentell geprüft werden sollten. Die Experimente wurden ausgeführt, aber die Resultate waren unklar. Er arbeitete die mathematischen Entwicklungen immer von neuem um und führte sie wegen der Kontrolle auf verschiedenen Wegen durch. Die Instrumente wurden immer wieder umkonstruiert, die Versuche immer wieder gemacht, mit allen möglichen Veränderungen der Versuchsbedingungen. Er war nicht gewohnt, nachzugeben. Man hatte ihm früher vorausgesagt, daß bei seinen unpraktischen Problemen nichts herauskommen könnte. Aber bis jetzt war er immer durch Ausdauer zum Ziel gekommen. Er arbeitete sich immer mehr in die Vorstellung hinein, daß er sich auch jetzt auf dem rechten Weg befand, und daß es sich nur darum handelte, nicht nachzulassen.

Hätte er zu jener Zeit die volle Einsicht in die Zusammenhänge gehabt, die die MAXWELLsche Theorie zwischen elektrischen, magnetischen und optischen Erscheinungen gibt, so hätte er gesehen, wo die Grenze für das war, was man auf rein hydrodynamischem Weg erreichen konnte. Es wäre ihm klar gewesen, in welcher Richtung die Eigenschaften des Mediums und die Natur des Problems verändert werden mußte, wenn es galt, das mechanische Bild der elektromagnetischen Erscheinungen so umfassend wie möglich zu gestalten. Und er hätte erkannt, daß das, worein er sich verbohrt hatte, die großen Anstrengungen nicht wert war. Ich für meinen Teil hatte ein starkes Gefühl dafür, daß er sich auf falschem Wege befand. Aber ich konnte den Zusammenhang nicht klar erkennen, da ich damals der Theorie noch zu fern stand. Das brachte mich in eine schwierige Lage, weil ich damals, in der Mitte der achtziger Jahre, noch sein Gehilfe bei den Experimenten war.

Als ich zehn Jahre später als Professor in Stockholm Gelegenheit hatte, systematisch und unabhängig an der Sache zu arbeiten, sah ich, was ihn getäuscht hatte: Seine veränderte Grenzflächenbedingung war unzulässig. Sie stand in Widerspruch mit dem Prinzip von der Erhaltung der Energie. Sie gab an den Grenzflächen eine Energieproduktion, als Ersatz für den Energieverlust in der Flüssigkeit, die ihm sonst sofort die Unmöglichkeit gezeigt hätte, die zähen Flüssigkeiten mehr als nur rein provisorisch und bildlich anzuwenden. Daß er so etwas übersehen konnte, kam gerade daher, daß er in seinen jüngeren Jahren nicht genügend als Physiker geschult worden war. Er war sich ganz klar über das Prinzip der Erhaltung der Energie an und für sich. Aber es war ihm nicht ins Blut übergegangen, es als unentbehrliches Kontrollmittel bei jedem Schritt ins Ungewisse anzuwenden. Hätte er das beizeiten getan, so wäre er, auch ohne besondere Kenntnis der MAXWELLschen Theorie, davon verschont geblieben, soviel Arbeit umsonst zu machen, die er hätte besser anwenden können. Aber als ich in der Mitte oder am Schluß der neunziger Jahre versuchte, ihn auf den Fehler aufmerksam zu machen, war es zu spät. Er war ein Siebziger geworden, und die verkehrten Vorstellungen hatten sich festgesetzt. Ich mußte meinen Briefwechsel mit ihm über diese Sache aufgeben. Er kehrte auch danach wiederholt zu seiner vergeblichen Arbeit zurück, um sie theoretisch und experimentell weiterzuführen. Ja, er versuchte auch eine Theorie der Meeresströmungen auf der Anwendung dieser Grenzflächenbedingung zu begründen, die gegen das Energieprinzip verstieß, und glaubte auch auf diesem Wege neue Beweise für deren Brauchbarkeit zu finden. Den gleichen Ernst und die gleiche Ausdauer, die ihm früher seinen Fortschritt gesichert hatten, setzte er jetzt ein, um das Unmögliche zu erreichen. In diesem Punkt bekam sein Schicksal einen ähnlich tragischen Anstrich wie SEXES, der auf seine alten Tage seine vergebliche Arbeit am Imaginärenproblem aufnahm.

Diese Irrwege haben BJERKNES eine kolossale Arbeit gekostet, das zeigen seine hinterlassenen Manuskripte. Wäre er nicht über diesen einen Punkt gestolpert, und hätte er seine noch ungebrochene Kraft dazu benutzt, die definitiv gewonnenen Resultate für die Veröffentlichung zu redigieren, so hätte er vielleicht — trotz aller Schwierigkeiten — wenigstens dies vollenden können.

Die Redaktionsarbeit wäre ihm verhältnismäßig leicht gefallen, wenn er sie nach und nach vorgenommen hätte. Dann hätte er einen Teil der Hauptresultate erledigt gehabt, ehe er mit der MAXWELLschen Theorie in Berührung gekommen wäre. Die Aufgabe hätte die einfache Form gehabt, daß es nur galt, die Fernwirkungsformeln, die er aus den hydrodynamischen Gleichungen abgeleitet hatte, mit den Fernwirkungsformeln zu vergleichen, die in der Lehre der Elektrizität und des Magnetismus fertig vorlagen. Er war darin auch weit gekommen. Seine ursprünglichen unübersichtlichen, langen mathematischen Ableitungen hatte er mit großem Erfolg vereinfacht und in eine unerwartet einfache Form gebracht. Und er hatte gezeigt, wie man diese hydrodynamischen Fernwirkungserscheinungen in der Symbolik der alten Elektrizitätslehre vollständig beschreiben konnte, als ob zwei

Flüssigkeiten vorhanden wären, die aus der Entfernung aufeinander wirkten.

Aber ehe er dazu gekommen war, seine Resultate in dieser Form zu veröffentlichen, war er mit der neuen FARADAY-MAXWELL-

C. A. BJERKNES 1895, Gemälde von EIEBAKKE im Kollegienzimmer der Universität.

schen Darstellung der Elektrizitätslehre in Berührung gekommen. Das führte zu einer bedeutenden Erweiterung seiner Aufgabe. Von jetzt an galt es, zwei parallele, miteinander verbundene Vergleiche zu ziehen: den Vergleich von Feld mit Feld, wo die Gleichheit eine direkte war; und den Vergleich von Kraft mit Kraft, wo die Gleichheit den eigentümlich umgekehrten oder Spiegelbildcharakter annahm. Dieser Vergleich war zwischen zwei verschiedenen Erkenntnisgebieten durchzuführen, auf denen wir unser Wissen auf äußerst verschiedenem oder geradezu entgegengesetztem Wege erhalten haben: zwischen der Hydrodynamik, wo die Feldeigenschaften und Kraftwirkungen streng deduktiv aus den Grundgleichungen abgeleitet werden; und der Elektrizitätslehre, deren empirischer Ausgangspunkt die Fernkräfte sind, von denen die Feldeigenschaften induktiv abgeleitet werden. Nichts zeigt in Wirklichkeit besser die Kühnheit des FARADAY-MAXWELLschen Gedankens als der Vergleich mit der Hydrodynamik: Die Aufgabe, die MAXWELL gelöst hat, entspricht in der Hydrodynamik derjenigen, die hydrodynamischen Gleichungen einzig und allein aus der Kenntnis des Experimentes abzuleiten, das die Anziehung und Abstoßung zwischen pulsierenden Kugeln zeigt.

Will man Erkenntnisse, die auf so verschiedenen Wegen erreicht sind, miteinander vergleichen, so muß man scharf zwischen der naturgegebenen Wahrheit und ihrer konventionellen Einkleidung unterscheiden. Eine solche Eigentümlichkeit des Kleides, nicht der Sache selbst, war z. B. der Faktor 4π, den man in einer Menge Formeln der Elektrizitätslehre auftreten sieht, während er in den entsprechenden hydrodynamischen fehlt. Es gelang ihm nicht ohne Mühe, zu zeigen, daß dieser Unterschied konventioneller Natur war. Heutzutage können wir es sehr leicht sehen, nachdem wir das rationelle HEAVISIDEsche Einheitssystem haben. Wenn wir nämlich dieses anwenden, so tritt der Faktor 4π auf genau die gleiche Weise in den elektrischen wie in den hydrodynamischen Formeln auf. Eine ähnliche Schwierigkeit waren die gebrochenen Dimensionen, die man den elektrischen und magnetischen Fundamentalgrößen zuschreibt, während die hydrodynamischen Größen die einfachen, leicht verständlichen Dimensionen der mechanischen Größen haben. Es gelang ihm, zu zeigen, daß auch dieser Unterschied von konventioneller, nicht von reeller Art war.

Wenn er, nachdem diese ersten Schwierigkeiten aus dem Wege geräumt waren, Feld mit Feld verglich, ging alles glatt für den Raum außerhalb der Kugeln. Hier hatte man es in Wirklichkeit mit längst bekannten Übereinstimmungen zu tun. Aber die MAXWELLsche Theorie verlangt, daß man die Felder weiterverfolgen soll durch die Grenzflächen hindurch bis ins Innere der Körper. Auch das ging bis zu einem gewissen Punkt glatt. Das Bewegungsfeld, das in einem schweren oder leichten Körper induziert wird, stimmt vollständig mit dem magnetischen Feld, das in Wismut oder Eisen induziert wird. Dabei entsprach die Geschwindigkeit der magnetischen Induktion und die spezifische Bewegungsgröße (das Produkt aus Geschwindigkeit und Dichte) der magnetischen Feldstärke. Die beiden ersten Vektoren gehen mit stetiger Normalkomponente, die letzten beiden mit stetiger Tangentialkomponente durch die Grenzfläche. Das spezifische Volumen (die reziproke Dichte) entsprach der magnetischen Permeabilität.

Aber im Innern des permanenten Magneten sind die Verhältnisse verwickelter. Hier sind, sagt man, zwei Felder vorhanden. Erst hat man das „eingeprägte" Feld, welches die permanente, innere, magnetische Polarisation darstellt. Dies eingeprägte Feld erzeugt, sagt man, das „freie" Feld, das sich über den ganzen Raum erstreckt und sich im Innern des Magneten auf das eingeprägte Feld überlagert. Die Feldstärke dieses freien Feldes geht mit stetiger Tangentialkomponente durch die Grenzfläche des Magneten hindurch. Geht man aber dann zu der Darstellung der Felder durch Vektoren von Induktionsnatur über, so findet man die totale Induktion im inneren Raume als einen Vektor, der mit stetiger Normalkomponente durch die Grenzfläche hindurchgeht.

Hier tritt die Frage auf: Hat man etwas Entsprechendes zu diesen scheinbar recht verwickelten Verhältnissen auch im einfachen Fall, wo sich ein Körper wie eine Kugel durch die Flüssigkeit bewegt?

An diesem Punkt blieb BJERKNES lange stecken, er glaubte eine lange Zeit, einen Bruch in der Analogie vor sich zu haben. Und es ist interessant, nachträglich zu konstatieren: Dies war eben der Punkt, wo Lord KELVIN kehrtmachte, als er in seinem Brief vom 23. November 1870 an GUTHRIE schrieb: „But here the analogy ends."

Schließlich fand aber BJERKNES die überraschend einfache Lösung. Sie läßt sich in wenigen Worten wiedergeben.

Die Übereinstimmung des Feldes der totalen Geschwindigkeit mit dem Felde der totalen magnetischen Induktion ist unmittelbar klar und ist auch längst bekannt gewesen. Die Schwierigkeit ist aber, daß hier etwas unteilbar Einfaches vorzuliegen scheint: man sieht kein Prinzip, das einfache innere Feld in zwei zu zerlegen. Die Zerlegung ergibt sich aber von selbst, wenn man zu der Dynamik der Feldbildung zurückgeht. Die Kugel sei durch einen Impuls in Bewegung gesetzt. Der Impuls, bezogen auf die Masseneinheit, stellt die Geschwindigkeit dar, die die Kugel angenommen haben würde, wenn keine umgebende Flüssigkeit vorhanden wäre. Diese durch den äußeren Impuls erzeugte „Leerraum-Geschwindigkeit" entspricht in jeder Beziehung der eingeprägten magnetischen Induktion. Da aber eine umgebende Flüssigkeit vorhanden ist, muß die Kugel der Flüssigkeit einen Impuls und die Flüssigkeit der Kugel einen Gegenimpuls erteilen. Diese beiden Impulse erzeugen das „freie" Feld bzw. im äußeren Raume und innerhalb der Kugel. Und dieses Feld hat die Eigenschaft, mit stetiger Tangentialkomponente der spez. Bewegungsgröße durch die Grenzfläche hindurchzugehen. Fügt man die Geschwindigkeit des inneren freien Feldes zu der Leerraum-Geschwindigkeit, so kommt man zu der aktuellen Geschwindigkeit der Kugel zurück, die, wie die totale magnetische Induktion, mit stetiger Normalkomponente durch die Grenzfläche hindurchgeht.

Dieses einfache Resultat brachte endlich die Grundmauer des ganzen Gebäudes in Ordnung. Soweit sich die Analogie zwischen den hydrodynamischen und den elektrostatischen oder den magnetischen Erscheinungen erstreckte, war sie in allen Einzelheiten klar. Der Vergleich der Felder miteinander ergab in jedem Punkt vollkommene direkte Analogie, und der Vergleich der Kräfte miteinander ergab die entsprechende umgekehrte Analogie. Als Gegenstück zu den elektrischen Erscheinungen, deren inneres Wesen uns unbekannt ist, gibt die Analogie eine Erscheinungsreihe, in der alles durchsichtig klar ist, wo man alles aus den Grundsätzen der Mechanik deduktiv ableiten kann. Und nicht zum wenigsten wundert man sich über die einfachen Mittel, die die Natur beim Aufbau dieses Bildes anwendet. Ein einfaches Beispiel möge dies beleuchten.

Die Feldtheorie hat das Paradoxon der Fernwirkung beseitigt, aber uns statt dessen einem neuen Paradoxon gegenübergestellt: Welches ist der Zusammenhang zwischen dem Feld und den mechanischen Wirkungen, die es ausübt? Wie kann das Feld Bewegungen von wägbaren Körpern hervorbringen? MAXWELL hat versucht, diese Fragen zu beantworten durch sein berühmtes Spannungssystem. Setzt man voraus, daß diese Spannungen im Felde vorhanden sind, so bringen sie die bekannten bewegenden Kräfte hervor. Aber, wie MAXWELL hinzufügt, „we have not in any way accounted for this stress, or explained how it is maintained". Die ganze Spannungstheorie blieb eine Hypothese ad hoc, ohne feste Verbindung mit dem, was wir sonst von den Feldern wissen. Um so überraschender ist die Eleganz, mit der die Natur selbst das genau entsprechende Problem in bezug auf die analogen hydrodynamischen Felder löst. Alles wird durch die denkbar einfachste Spannung gelöst, nämlich durch den isotropen Druck. Dieser Druck tut alles, er bildet und unterhält das Feld und bringt die bewegenden Kräfte hervor, die das Feld ausübt. Spannungen von der komplizierten Art der MAXWELLschen sind überhaupt nicht nötig.

War nun auch BJERKNES selbst in dem Gebiet, das er durchgearbeitet hatte, zur Klarheit gekommen, so war das Ganze noch nicht in die endgültige Form gebracht. Das war keine leichte Arbeit. Die Darstellung der Feldtheorie lag noch nicht in abgeklärter Form vor, sie schleppte noch allzuviel Erbgut von der Fernwirkungslehre mit sich, die ja in Wirklichkeit noch vorherrschend war. Unter diesen Umständen gelang es ihm nicht, die Form zu finden, die ihn zufriedenstellte. Bei der intensiven und einsamen Kleinarbeit hatte er sich nach und nach seine eigenen Gedankenformen und seine eigene Ausdrucksweise gebildet, die einerseits ihn selbst nicht befriedigte und andererseits für andere schwer verständlich war. Er verwarf den einen Entwurf nach dem anderen. Einmal, ich glaube, es war 1888, hatte er die erste Abhandlung von der geplanten Reihe anscheinend ganz fertig zur Absendung. Aber im letzten Augenblick entschloß er sich, sie zwecks neuer Durcharbeitung mit in die Sommerferien aufs Land zu nehmen, was die Folge hatte, daß sie nie herauskam.

Neben dieser ununterbrochen fortgesetzten Arbeit hielt BJERKNES mit absoluter Regelmäßigkeit seine Vorlesungen an der Universität und an der militärischen Hochschule. Sein Unterricht bewegte sich vor allem auf dem Gebiet der Infinitesimalrechnung, die fein und eingehend behandelt wurde. Besonders galt sie den Differentialgleichungen, sowohl den gewöhnlichen wie den partiellen, von deren Anwendung in der Mechanik und der mathematischen Physik er kleine Überblicke gab.

In den ersten zehn Jahren seiner Wirksamkeit als Lehrer der reinen Mathematik hatte er kein Manuskript, denn sein Schreibkrampf machte es ihm unmöglich, ein solches auszuarbeiten. Ein eigenes Manuskript seiner Vorlesungen erhielt er erst in den achtziger Jahren, als er das Exemplar übernahm, das ich nachgeschrieben hatte. Dieses Exemplar arbeitete er weiter aus. Aber er konnte sich nie entschließen, dem Beispiel seiner Vorgänger zu folgen und seine Vorlesungen herauszugeben, obwohl sie ganz besonders gut ausgearbeitet waren.

Neben seinen gewöhnlichen Vorlesungen für die Examensstudenten hielt er auch in verschiedenen Jahren, am Ende der siebziger und im Anfang der achtziger Jahre, besondere Vorlesungen über seine hydrodynamischen Arbeiten. Sie waren als eine Vorarbeit für das große Werk gedacht. Aber sie erfüllten diesen Zweck nicht so gut, wie sie es gekonnt hätten, wenn er es über sich gebracht hätte, vor allen Dingen die fertigen Resultate darzustellen. Die Schwierigkeiten, mit denen er gerade im Augenblick kämpfte, zogen ihn immer davon ab, und die Vorlesungen spiegelten daher nicht so sehr das Erreichte als den Kampf mit den noch bestehenden Unklarheiten wider.

Er erhielt mehrere Aufforderungen, im Ausland aufzutreten, kam aber nur dazu, zweien zu folgen.

Das eine Mal geschah es in Verbindung mit der Pariser Weltausstellung 1889. Er erhielt eine offizielle Anfrage vom Kultusministerium, ob er gewillt war, mit seinen Instrumenten an dieser Ausstellung teilzunehmen. Es wurde erzählt, daß die Idee von allerhöchster Stelle ausging und daß die Erinnerung an den Erfolg, den seine Teilnahme an der elektrischen Ausstellung 1881 gehabt hatte, den Gedanken aufgebracht hatte. Er beschloß, der Aufforderung in der Form nachzukommen, daß er seine Instrumente auf dem Internationalen Elektrischen Kongreß ausstellte, der während der Ausstellung tagen sollte, und dort den interessierten Wissenschaftlern die Experimente vorführte. Die Experimente, die einem sehr repräsentativen Publikum vorgeführt wurden, hatten, wie immer, großen Erfolg, besonders mit den dazugekommenen bedeutenden Erweiterungen. Aber das Ganze wirkte nicht mehr so überraschend wie das erstemal.

Die letzte Auslandsreise ging 1893 nach München, wohin er eingeladen war, um an der deutschen Naturforschertagung und an der damit verbundenen mathematischen Ausstellung teilzunehmen. Er brachte aber keine Instrumente von zu Hause mit, sondern benutzte einen Satz Instrumente, der von der Münchner Universität angeschafft war. Er wurde als der vornehmste der ausländischen Gäste behandelt. Wie gewöhnlich, ist kein Referat über den Vortrag, den er hielt, vorhanden. Aber wie immer, wenn er persönlich auftrat, haben seine Ausführungen Eindruck gemacht. In einer österreichischen Zeitschrift heißt es in einem Bericht über die Tagung nach einer allgemeineren Besprechung des Inhalts des Vortrags: „Der alte Wissenschaftler, der es sich offenbar zur Lebensaufgabe gemacht hat, diese Theorie weiterzubauen, legte seine Anschauungen mit der Wärme tiefer Überzeugung und mit liebevoller Hingabe an seinen Gegenstand dar. Reichlicher Beifall belohnte sein Auftreten."

In der gesamten Welt zeigte sich dauernd Interesse für seine Arbeiten, und man wartete ständig auf die systematische Publikation seiner Resultate. Er selbst strengte sich auch bis zum äußersten an. Aber er sollte nie die Form erreichen, die ihn befriedigte. Es war nicht mehr daran zu zweifeln, daß die Lage anfing, ihn zu bedrücken. Schon während ich in den achtziger Jahren als sein freiwilliger Assistent arbeitete, waren mir für meinen Teil Zweifel aufgestiegen, ob er mit seinen Arbeitsmethoden, seiner grenzenlosen Gewissenhaftigkeit und Selbstkritik jemals sein Ziel erreichen würde — es waren zu viele ungünstige Faktoren vorhanden.

Unter diesen Umständen sah ich keinen anderen Ausweg, als mich ganz von der Zusammenarbeit mit ihm frei zu machen und mein verspätetes Examen zu machen, um mir durch ganz selbständige Arbeiten eine Stellung zu verschaffen, in der ich mich frei genug fühlen konnte, um dann zu seinen Forschungen zurückzukehren. Nachdem ich 1893 Professor an der Hochschule in Stockholm geworden war, hatte ich Gelegenheit, mehrere Male diesen Stoff zum Thema meiner Vorlesungen zu wählen, und wir verabredeten daraufhin, daß ich diese Vorlesungen zur Veröffentlichung ausarbeiten wolle. Diese Verabredung empfand er in seinen späteren Jahren als eine große Erleichterung.

Aber die Arbeit war nicht leicht. Die Zusammenarbeit zwischen zwei Generationen hat immer ihre prinzipiellen Schwierigkeiten, und die Zusammenarbeit durch Briefwechsel ist schwerfällig. Erst in den Jahren 1900—1902 konnten die ,,Vorlesungen über hydrodynamische Fernkräfte nach C. A. BJERKNES' Theorie" herauskommen, ein Werk von zwei Bänden. Der zweite Band erschien ein halbes Jahr vor seinem Tode.

Neben den wenigen Originalabhandlungen von seiner eigenen Hand sind so diese zwei Bände das Hauptdokument der wissenschaftlichen Wirksamkeit von C. A. BJERKNES geworden. Wir müssen sie daher hier etwas näher besprechen.

Zuerst wird man sich vielleicht über das wundern, was es nicht enthält: Der Rotoreffekt und die mit den rotierenden Zylindern verknüpften Erscheinungen sind überhaupt nicht erwähnt. Der Zusammenhang ist folgender: Ich hatte zuerst daran gedacht, diesen Stoff so weit mitzunehmen, wie alles auf sicherer Grundlage stand, d. h., soweit man diese Theorie führen kann, ohne die Reibung der Flüssigkeit zu berücksichtigen. Dadurch hoffte ich den gefährlichen Punkt zu umgehen, nämlich die Grenzflächenbedingung, die oben besprochen worden ist. Aber es zeigte sich — und das ist ein tragischer Zug —, daß er, je älter er wurde, immer stolzer auf diese Grenzflächenbedingung wurde und die Erweiterung der Analogie, die sie seiner Meinung nach gebracht hatte, immer höher einschätzte. Und ich sah ein, er würde verlangen, daß dieses mitgenommen würde, wenn ich in meiner Darstellung auf die Zylinderprobleme einging. Ich sah keinen anderen Ausweg, als die Darstellung vorläufig streng auf die Kugelprobleme zu begrenzen, während die Zylinderprobleme einer späteren Veröffentlichung vorbehalten bleiben sollten.

So kam es, daß das Werk nichts über den Rotoreffekt und die damit verknüpften Erscheinungen enthält, auf die er doch theoretisch und experimentell soviel Arbeit verwendet hatte und die später, in unserem Jahrhundert, so interessante und allseitige Anwendungen erhalten haben. Direkte Zeugen dieses Teiles seiner Arbeit — von denen auch die Verhandlungen der Gesellschaft der Wissenschaft aus den obenerwähnten Gründen keine Spuren zeigen — findet man daher nur in einzelnen Berichten aus zweiter Hand über seine Vorführungen, in seinen in der Universitätsbibliothek aufbewahrten Manuskripten und in seinen in der Universität aufbewahrten Instrumenten. Als ich für meinen Teil die hierher gehörenden Probleme später wieder aufnahm, geschah dies nach meinen eigenen Methoden.

Bei der Behandlung des also auf die Kugelprobleme beschränkten Stoffes war ich von Anfang an ganz von seinen Methoden abhängig: explizite Lösung des Problems der Bewegung von Kugeln in einer Flüssigkeit und die Diskussion dieser Lösungen. Die Lösungen waren klar. In der Diskussion lagen die Schwierigkeiten. Hier war seine Darstellung ganz von den Gedankenformen beherrscht und in der Sprache gehalten, die er sich in seiner Einsamkeit gebildet hatte. Was er meinte, war in vielen Punkten schwer aufzufassen, selbst für mich, der doch seiner Arbeit so nahegestanden hatte. Besonders was er mit seiner Diskussion über die Felder im Innern der Kugeln meinte, blieb mir lange ein Rätsel. Schon das Uneigentliche in der Vorstellung eines hydrodynamischen Feldes im Innern der Kugel, wo doch keine Flüssigkeit war, verwirrte mich. Und was er in seiner Sprache — die oben nicht angewendet ist — von diesen Feldern aussagte, war mir lange Zeit nicht möglich zu verstehen. Es war daher eine große Erleichterung, als es mir gelang, auf eigenem Wege seine Resultate wiederzufinden, und dadurch zu sehen, daß sie doch einen klaren Sinn enthielten.

Meine Methode bestand darin, daß ich die rein geometrisch als Kugeln definierten Körper durch konkrete *flüssige* Körper ersetzte. Das gab mir objektiv die Berechtigung, die hydrodynamischen Felder sowohl im Innern der Körper wie in ihrer Umgebung zu betrachten. Und indem ich die hydrodynamischen Gleichungen auf das ganze zusammenhängende System anwendete, gelang es mir nach und nach, die ganze Reihe seiner Resultate in anschaulicher, konkreter Form darzustellen. Diese Resultate bedeuteten gleichzeitig insofern eine größere Verallgemeinerung, als jede spezialisierende Voraussetzung über die Form der Körper von selbst wegfiel. Da ich auf diesem Wege zu voller Klarheit darüber gekommen war, was mein Vater an den Punkten gemeint hatte, in denen ich im Zweifel gewesen war, hielt ich es für das richtigste, in der endgültigen Darstellung zu seinen Methoden zurückzukehren. Diese Methoden beherrschen so das ganze Werk. Aber die Art, wie die Resultate dargestellt und ausgesprochen sind, weicht an vielen Stellen stark von der Form ab, die er gebraucht hatte. Unter diesen Umständen war es mir eine große Befriedigung, daß er sich, als das Buch abgeschlossen vorlag, sehr zufrieden mit der Form erklärte, die ich gewählt hatte.

Aber der Abschluß des Werkes sollte ihm doch nicht nur Freude bringen. Hatte er früher oft genug bemerkt, daß man seine Veröffentlichung sogar mit Ungeduld erwartete, so mußte er jetzt, als die verspätete Publikation endlich vorlag, bemerken, daß die Zeiten andere geworden waren. Gewiß, die Fernwirkung war im Prinzip aufgegeben, wenn es auch nicht gelungen war, den Übertragungsmechanismus zu finden. Aber Übertragungsmechanismus war gerade das verhängnisvolle Wort. Die Zeit der Mechanik und damit der Mechanismen war vorbei, wurde ausgerufen. Es war eine Zeit der Gärung. Die Phänomenologie, die Energetik, der Elektrizismus machten ihre Ansprüche geltend, es war die Einleitungsphase für neue Gesichtspunkte und neue Problemstellungen, die die Physik in der folgenden Zeit beherrschen sollten. Die Tatsachen, die BJERKNES beigebracht hatte über die Fähigkeit der Natur, mit den einfachsten Mitteln Übertragungsmechanismen zu konstruieren, hatten wohl ihr Kuriositätsinteresse. Es war wohl von Interesse, diese eigentümliche Tendenz der Natur, sich selbst auf ganz verschiedenen Gebieten bis in die kleinsten Einzelheiten zu kopieren, festzustellen. Aber eine tiefere Bedeutung wollte man dieser Tendenz nicht zulegen. Man stellte solche Tatsachen als Launen der Natur fest, die nur allzu leicht einen armen Forscher auf Abwege bringen konnten. Es galt, sich davor zu hüten.

Wenn BJERKNES auch merkte, daß er wieder außer Phase mit den großen Pendelschwingungen der Entwicklung gekommen war, so nahm er das mit Ruhe auf. Er wußte, daß das, was er gebracht hatte, Tatsachen waren. Die Auffassung über die Bedeutung dieser Tatsachen mochte hin und her schwingen. Die Zukunft würde zeigen, ob das Ganze nur eine Laune der Natur war oder ob etwas Tieferes dahintersteckte. Er selbst meinte, es habe sich oft genug gezeigt, was es bedeutet, wenn die Natur sich auf anscheinend getrennten Gebieten selbst kopiert. Die parallele Erforschung der Licht- und der Wärmestrahlung hatte eine Analogie ergeben, welche zu dem Schluß zwang, daß tatsächlich Identität zwischen den beiden Arten von Strahlung herrschte. Parallele Forschung auf dem Gebiete der Optik und der Elektrizität hatte auch eine Analogie ergeben, an deren tieferer Bedeutung viele gezweifelt hatten. Aber zuletzt erwies sie sich als unwiderstehlich. Immer mehr ahnte man eine Brücke von großer Spannweite, und die Experimente von HERTZ vollendeten die Brücke. Müssen wir nicht auf eine ähnliche Entwicklung vorbereitet sein in bezug auf die scheinbar so getrennten und doch so intim verbundenen Erscheinungsgebiete der Mechanik und der Elektrizität? Wird es sich nicht auch schließlich zeigen, daß die Forschung auf diesen scheinbar so getrennten Gebieten dennoch auf konvergierenden Linien verläuft? Sicherlich handelt es sich hier um eine Brücke von noch größerer Spannweite als diejenige, die Elektrizität und Optik verbindet. Und vielleicht müssen die Grundlagen der Mechanik und der Elektrizitätslehre erst gründlich umgebaut werden, ehe die Brücke ausgeführt werden kann. Aber eins sah er als sicher an: Hier liegt eine Aufgabe, die den menschlichen Geist nie ruhen lassen wird.

Die ABEL-Biographie.

Der bescheidene Unterricht in Mathematik, den die Bergstudenten in BJERKNES' Studienzeit erhielten, erstreckte sich nicht auf die Gebiete, mit denen ABELS Namen verbunden ist. Aber die Tradition über das Genie ABEL konnte nicht untergehen. Die spontanen Ausdrücke der Bewunderung und der Trauer, die bei seinem Tode die größten Mathematiker der Zeit äußerten, mußten ergreifen und konnten nicht vergessen werden. Durch HOLMBOES kurzen Nekrolog von 1829, demselben Jahr, in dem ABEL starb, wurden sie auch außerhalb des Kreises der Mathematiker und der Nächsten bekannt. Es sollte auch nicht lange dauern, bis das Interesse der ausländischen Gelehrten unser Land auf seine Pflichten gegenüber dem Verstorbenen hinwies. Es geschah auf einem Umweg; denn damals war das Vorhandensein eines

Landes Norwegen noch nicht so allgemein bekannt. Am 17. Juli 1831 richtete das Mitglied des französischen Institutes, Baron MAURICE, an den schwedischen Gesandten in Paris, LÖVENHJELM, die Anfrage, ob nicht die Mathematiker der königlich schwedischen Akademie der Wissenschaften eine Ausgabe von ABELS Werken besorgen wollten. Der Sekretär der Akademie, BERZELIUS, fand aber, daß die nationale Ehre, die bei der Herausgabe dieser Schriften geerntet werden würde, unbestreitbar Norwegen zukäme, und schickte die Anfrage an HANSTEEN weiter. Dieser legte die Sache dem akademischen Kollegium vor. Das Storthing wurde um Bewilligung einer Ausgabe von ABELS gesammelten Werken ersucht, und 1839 erschien diese Ausgabe von HOLMBOES Hand, mit seinem Nekrolog als Einleitung.

In dem politisch und geistig neugeborenen Norwegen war man nicht wenig stolz auf den Namen ABEL. Aber hierzulande konnten seine Werke nicht viele Leser finden, solange die höhere Mathematik nur als ein Nebenfach für Militärs und Bergstudenten gelesen wurde. Als BJERKNES sich als Bergmann in Kongsberg ernstlich der Mathematik zuwendete, hatte er noch einen langen Weg bis zu ABELS Werken. In jener Zeit war es außerdem feste Tradition, mit dem Studium von JACOBI zu beginnen, ABELS Rivalen, wie man ihn gern nannte, der nach dessen Tode den Faden der Entwicklung in der Hand behalten hatte. Erst als Stipendiat in Christiania, 1854, konnte BJERKNES mit dem Studium von ABEL selbst anfangen. Gleichzeitig kam er in Berührung mit HOLMBOES hinterlassener Familie, in der die Tradition von ABEL noch lebte. Das Bild des Mathematikers und des Menschen begann gleichzeitig vor seinem Blick zu erstehen. Noch mehr von ABELS Größe erfüllt, kehrte er von seiner Auslandsreise zurück. Daß man sich ABELS Landsmann nennen konnte, bedeutete wirklich etwas, wenn man unter den Mathematikern des Auslandes verkehrte. Er hatte gesehen, daß dessen Schätzung dauernd stieg, und er fühlte ein Verlangen, dies zu Hause mitzuteilen. Es ist bezeichnend, daß mein noch lebender Onkel (1825), Doktor A. KOREN, sich daran erinnert, daß das erste Gespräch, das er 1857 mit seinem zukünftigen Schwager in der Philharmonie hatte, von ABEL handelte. Um ein größeres Publikum zu haben, schrieb BJERKNES in demselben Herbst eine kleine Artikelreihe im „Skillingsmagasinet", in denen er den früher bekannten neue Aussprüche über ABEL, besonders von seinem großen Lehrer DIRICHLET, hinzufügte. In seinen Vorlesungen über elliptische Funktionen hielt er sich — ganz wie JACOBIS persönlicher Schüler O. J. BROCH — zwar in der Hauptsache an die JACOBische Form. Aber für tiefere Studien wies er auf ABEL hin. Welche Bedeutung dies für SYLOW gehabt hat, den einzigen norwegischen Mathematiker, der ABELsche Arbeiten fortgesetzt hat, ist schon erwähnt.

Als in den siebziger Jahren HOLMBOES Ausgabe von ABELS Werken ausverkauft war, ein seltener Fall bei einem Werke solcher Art, kam wieder vom Ausland die Anfrage nach einer Neuausgabe. Sie war um so erwünschter, als HOLMBOES Ausgabe nicht vollständig gewesen war. Vor allem fehlte ABELS berühmte Pariser Abhandlung, die erst zu spät gefunden worden war. Das Storthing gab wieder seine Bewilligung. Ursprünglich bestand gewiß der Gedanke, daß die zwei Professoren für reine Mathematik an der Universität, BJERKNES und LIE, die Ausgabe besorgen sollten. Aber sowohl aus Rücksicht auf seine eigenen Arbeiten wie auf SYLOW zog BJERKNES sich zurück. Das gab SYLOW Gelegenheit, sich eine Reihe von Jahren ungeteilt der Wissenschaft zu weihen, und zwar auf einem Gebiet, das seinen persönlichen Arbeiten nahestand. Er wurde, wie bekannt, der Hauptherausgeber. LIE war mit seinen eigenen Arbeiten genügend beschäftigt, um mit Freuden SYLOW soviel wie möglich zu überlassen.

Die Arbeit wurde durch Auslandsreisen von LIE und SYLOW eingeleitet, um sich mit ausländischen Autoritäten zu beraten und um zu untersuchen, was man noch draußen an ABELschen Manuskripten auftreiben konnte. Von seiner Oberlehrerstellung in Frederikshald beurlaubt, ließ SYLOW sich darauf in Christiania nieder, um die Arbeit dort fortzusetzen. Ich erinnere mich seiner aus jener Zeit als eines ständigen Gastes in unserem Hause, und ABEL, seine Arbeiten und seine Person waren das tägliche Thema.

BJERKNES war auf diese Weise ein sehr tätiger stiller Mitarbeiter.

In einer prinzipiellen Frage nahm BJERKNES einen sehr bestimmten Standpunkt ein. Aus seinen klassischsten Arbeiten ist ABEL als eines der großen Vorbilder für die Strenge der mathematischen Beweisführung bekannt. Aber seine gärenden Anfängerarbeiten tragen noch nicht dieses Gepräge. Von ausländischer autoritativer Seite wurde die Meinung vertreten, die Ausgabe sollte auf das ganz Unangreifbare beschränkt und das weniger Vollkommene fortgelassen werden. ABEL sollte in seinen Werken als der vollkommene Klassiker dastehen. BJERKNES vertrat die entgegengesetzte Meinung. ABEL war groß genug, um zu vertragen, daß auch seine weniger vollkommenen Arbeiten vorgelegt wurden. Auch in Briefen von seiner Auslandsreise 1877 kam er hierauf zurück. Das Resultat war denn auch, daß ABELS Jugendarbeiten in möglichster Vollständigkeit mitgenommen wurden, und mehr als eine von ihnen hat, fast hundert Jahre nach ihrem ersten Erscheinen, reich befruchtend gewirkt.

Auch bei uns galt es, alles herbeizuschaffen, was an Briefen und Manuskripten von ABEL aufgetrieben werden konnte. Hier kam BJERKNES' Verbindung mit der Familie HOLMBOE sehr zustatten. Im Hause der Witwe HOLMBOE wurden bedeutende Funde gemacht, und man glaubt, daß das meiste, was nach dem unglücklichen Brand kurz nach HOLMBOES Tod gerettet wurde, zum Vorschein gekommen ist.

Während dieser Arbeit wurde BJERKNES immer mehr von Interesse für die Erinnerungen an ABEL ergriffen. Zuerst trat der Gedanke an ABELS Porträt in den Vordergrund. Eine Lithographie von ABEL, 1830 im Ausland angefertigt, war damals nicht wenig verbreitet. Sie hing auch an unserer Wand. Aber war sie gut getroffen oder nicht? Und wo war das Original von GÖRBITZ? Man mußte annehmen, daß ABELS Verlobte, CHRISTINE KEMP, es behalten hatte und es später mit in ihre Ehe mit ABELS Freund, Professor KEILHAU, gebracht hatte. Aber KEILHAU und Frau waren kinderlos gestorben. Wo war das Bild hingekommen?

BJERKNES forschte in den verschiedensten Richtungen, persönlich und schriftlich. Exemplare der Lithographie wurden von verschiedenen eingeschickt, weil sie glaubten, es könne das Original sein. Große Freude erregte endlich ein Brief, datiert Kongsberg, den 1. Februar 1875, von Frau Oberförster, späterem Staatsrat LANGE, der Tochter des Silberbergwerksdirektors BÖBERT, der mit ABELS einziger Schwester ELISABETH verheiratet gewesen war. Der Brief teilte mit, daß Frau LANGE das Bild besaß. Eine Photographie lag bei, die sofort zeigte, wie hoch das Original über der Lithographie stand. Eine Reproduktion der ältesten zugänglichen Photographie des Originals ist hier wiedergegeben. Sie hat ein um so größeres Interesse, wenn es sich bewahrheitet, was man fürchtet, daß nämlich das Original der Zeit nicht widersteht.

NIELS HENRIK ABEL. 1802—1829.

Im Frühjahr 1875 wurde GÖRBITZ' Originalbild nach Christiania geschickt. Hier wurde eine Reihe von Photographien davon gemacht. Außerdem malte BERGSLIEN das Bild, das jetzt im Kollegienzimmer der Universität hängt. Leider ist es nicht in den richtigen Farben gemalt. Wir wissen jetzt, daß er blonder war, und daß er nicht die bräunlichen Augen des Gemäldes, sondern die blauen oder blaugrauen Augen seiner Familie hatte. Aber vor allem hat das Gemälde im Ausdruck der Augen nicht das Original von GÖRBITZ erreicht. Es gibt sehr bestimmte Aussagen über ABELS Augen, daß sie seine ganze Seele widerspiegelten. Das läßt uns GÖRBITZ' Bild ahnen. Man sieht es auch auf den guten Reproduktionen, die sich jetzt in den Arbeitszimmern der Mathematiker der ganzen Welt befinden.

Durch die Neuausgabe von ABELS Werken veranlaßt, hatte BJERKNES einen allgemein gehaltenen Artikel „Über ABEL und die ABELschen Werke" im „Morgenbladet" im Dezember 1874 geschrieben. Aber er wurde immer mehr von dem Gedanken erfaßt, daß ABELs Landsleute mehr von dem größten Wissenschaftler ihres Landes wissen sollten. Unter demselben Titel schrieb er daher 1875 eine Reihe Artikel, in denen er vorlegte, was er an Biographischem über ABEL hatte sammeln können, und versuchte, die Bedeutung seiner Arbeiten, so gut es ging, einem nichtmathematischen Publikum zu erklären. Wie immer, ergriff ihn der Eifer mehr und mehr. Er suchte soviel wie möglich diejenigen zu erreichen, die noch persönliche Erinnerungen haben konnten — zu jener Zeit hätte ja ABEL selbst noch unter den Lebenden sein können. Oder er schrieb und bat um Aufklärungen. Von dem bescheidenen Anfang einer Reihe Zeitungsartikel nahm die Arbeit an der Biographie ständig an Umfang zu. Er ging daher zu der LETTERSTEDTschen „Nordisk Tidsskrift" über, in der die biographischen Artikel von neuem begannen.

BJERKNES wurde immer mehr von dem Bilde ergriffen, das bei seinen Untersuchungen in immer klareren Zügen hervortrat. Der dunkle Hintergrund — den er nur vorsichtig andeutete — einer unglücklichen Familie, die in Auflösung begriffen war und deren meiste Mitglieder zugrunde gingen. Der junge, alles andere als starke ABEL, der die einzige moralische und wirtschaftliche Stütze dieser Familie war. Sein Glück als vorwärtsstürmender Entdecker, seine Melancholie in den Ermüdungsperioden nach der gewaltigen Arbeit, seine Sorgen um die Zukunft seiner Familie, seiner selbst und seiner Braut. Mitten in diesen Sorgen sein herzlicher Glückwunsch an seinen Freund HOLMBOE an dem kritischen Wendepunkt seines Lebens, als die Universität den schicksalsschweren Fehlgriff tat und HOLMBOE statt ABEL als Lektor für Mathematik anstellte. Seine Hoffnungen, als er in Paris am Ziel seiner Wünsche stand und der Akademie seine berühmteste Abhandlung einlieferte, unterzeichnet mit dem einzigen Titel, den sein Land ihm gegeben hatte, N. H. ABEL, Norweger. Seine Enttäuschung, als er nichts mehr von ihr hört, ohne daß ihn dies zu Aufdringlichkeiten oder Reklamationen irgendwelcher Art verleitet hätte, so sehr auch eine Anerkennung von dieser angesehenen Stelle seine schwierige Stellung daheim gestärkt haben würde. Seine Heimkehr an unsere Universität, die die größten Schwierigkeiten hatte, um ihm etwas Hilfe zu bringen. Der schwache Lichtblick, als er HANSTEENS Vikar während dessen Reise nach Sibirien wird, so daß er mühsam anfangen kann, seine Schulden aus der schlimmsten Zeit abzubezahlen und seine gewaltige Produktion an tiefschürfendsten Arbeiten in Gang zu halten, bis die Winterreise in ungenügenden Reisekleidern ihn auf sein letztes Krankenlager in Frolands Eisenwerk wirft, wo die liebevolle Pflege einen letzten Schimmer von Versöhnung über seinen Tod wirft.

Aber ein Blatt in dieser stolzen Tragödie führte BJERKNES zu immer weiteren Untersuchungen. Das war der berühmte Wettkampf, wie er genannt wurde, zwischen ABEL und JACOBI. Er hatte seine Arbeit mit vollem Glauben an die historische Tradition über den Ursprung der Theorie der elliptischen Funktionen begonnen. Diese Theorie, die ABEL besonders in seinem letzten Lebensjahr beschäftigte, hatte, wie man meinte, zwei unabhängige und ebenbürtige Entdecker gehabt, ABEL und JACOBI. Durch einen merkwürdigen Zufall hatten sie fast in denselben Tagen dieselben Gedanken gedacht. Abwechselnd hatte der eine auf den Resultaten des anderen weitergebaut, die ganze Theorie war in einem edlen Wettstreit entstanden, zu dem die Geschichte der Wissenschaft vielleicht kein Gegenstück kennt.

Über das wechselnde Glück in der dramatischsten Phase des Kampfes glaubte man bezeichnende Zeugen in drei Zitaten zu haben, die in der Geschichte der Mathematik berühmt geworden sind. Das erste sind die mit echt HANSTEENschem Humor geschriebenen Zeilen, mit denen er eine Abhandlung von ABEL an den Astronom SCHUMACHER in Hamburg sendet:

„... ABEL sendet anbei eine Abhandlung über elliptische Transzendenten, die er so schnell wie möglich zu drucken bittet, da JACOBI ihm auf den Fersen ist und er neulich, als ich ihm die letzte Nummer der Astronom. Nachr. gab, ganz bleich wurde und zum Konditor laufen mußte, einen Bittern zu genehmigen, um sah, ohne daß sein Name erwähnt oder seine schon gedruckte Abhandlung zitiert war. Das brachte ABEL nicht dazu, einen Prioritätsstreit zu beginnen. Er schrieb nur die „Vernichtung", die zeigte, in welch höherem Maße er auch den Teil der Theorie beherrschte, auf den sein Nebenbuhler speziellen Anspruch erhob. Was er selbst darüber gedacht hat, daß er nicht erwähnt war, wissen wir nicht. Aber BJERKNES' Untersuchungen haben eine aufsehenerregende historische Tatsache festgestellt: ABELs Abhandlung hat zwei Monate vor dem Absendungsdatum von JACOBIS Abhandlung gedruckt vorgelegen. Hat JACOBI in diesen zwei Monaten die Abhandlung gesehen, die er nicht zitiert? BJERKNES findet es — aus scheinbar schwerwiegenden Gründen — undenkbar, daß dies nicht der Fall gewesen sein soll. Und hat BJERKNES darin recht, so hat ABEL großes Unrecht erlitten aus zwei Gründen: erstens, weil JACOBI ihn nicht zitiert hat; und zweitens, weil er später, als ABEL die Waffen niedergelegt hatte, es unterließ, vollen Bescheid über den historischen Zusammenhang zu geben. Er begnügte sich mit Worten, stärkeren zwar als jeder andere, aber doch nur Worten der Bewunderung für ABEL. Die Legende von dem edlen Wettstreit hatte ihren Glanz verloren.

BJERKNES war gar nicht erfreut darüber, daß er so die hübsche Tradition zerstören sollte, an die er früher selbst geglaubt hatte. Aber er fand, daß er kein Recht hatte, vor den Unannehmlichkeiten zurückzuweichen, welche ihm die Veröffentlichung seines Resultates bringen würde. Die Wahrheit und ABELs Recht waren ihm das Heiligste.

Die unangenehmen Folgen kamen auch auf mehr als eine Weise. BJERKNES schwerfällige Beweisführung seiner Auffassung über das Verhältnis zwischen ABELs und JACOBIS Arbeiten erschien als ein breiter Abschnitt, den er in die Biographie hineinarbeitete. Das brachte ihn in Konflikt mit der Redaktion der „Nordisk Tidskrift", welche fand, daß der Stoff zu schwer für ihre Leser war. Zum Schluß wurde die Sache so geordnet, daß die ganze Biographie als ein Sonderheft der Zeitschrift erschien. Doch hatte die Erregung zu überwinden. Er ist seit mehreren Jahren im Besitz einer allgemeinen Methode, die er hier mitteilt und die umfassender ist als JACOBIS Sätze."

Das zweite Zitat sind sechs Worte, die ABEL an HOLMBOE schreibt, als er seine fertige Abhandlung zu sehen bekommt: „Meine Vernichtung von JACOBI ist gedruckt." Das dritte ist der Ausruf der Bewunderung, den diese Abhandlung ABELS JACOBI entpreßt: „Sie ist über mein Lob erhaben."

Aber welches waren die wirklichen Begebenheiten, die diese heißen Stimmungsausbrüche veranlaßten?

Daß zwei Forscher gleichzeitig dieselbe Entdeckung machen, kann vorkommen. Es ist nicht so selten in solchen Fällen, wo beide von außen dieselbe Inspiration erhalten. Aber eine solche Lage, die dies hätte veranlassen können, hatte nicht vorgelegen. Das einzig Neue waren ABELS Abhandlungen, die — trotz der Störung durch die verlorene Pariser Abhandlung — in planmäßiger Reihenfolge erschienen. Durch eingehendes Studium der chronologischen Reihenfolge der Arbeiten kam BJERKNES erst zu dem Resultat, daß ABEL nichts von JACOBI entlehnt hat oder hat entlehnen können. An allen wichtigen Punkten ließ es sich beweisen, daß ABEL sowohl volle Entdeckerpriorität wie auch volle Publikationspriorität hatte, wie nah ihm auch „JACOBI auf den Fersen war".

Daß dagegen in umgekehrter Richtung eine Einwirkung stattgefunden hat, ist nie zweifelhaft gewesen. Auf eine solch eminente Begabung wie JACOBI, mit seiner schnellen Auffassung, seiner Fähigkeit, leicht umzuschaffen und selbständig weiterzubauen, mußten solche Abhandlungen wie die ABELS inspirierend und richtunggebend wirken. Aber die Frage ist, wie direkt die Wirkung gewesen ist. Der erste Teil von ABELS grundlegender Abhandlung über elliptische Funktionen war in Berlin gedruckt und die Fortsetzung längst abgeschickt, als HANSTEEN ihm die Abhandlung von JACOBI gab, wo dieser als scheinbar unabhängiger Mitentdecker auftrat. Sie kostete ABEL seinen historisch berühmten bittern Schnaps, weil er darin seinen Grundgedanken angewendet die schwierige Einschiebung der Harmonie der ganzen Arbeit geschadet, und es wurde durch sie viel biographischer Stoff beiseite geschoben, doch glücklicherweise nur solcher, der später durch ABELS Briefe vervollständigt werden konnte, die beim ABEL-Jubiläum vollständig herausgegeben worden sind. Wir zitieren ELLING HOLST in seiner Einleitung zu diesen Briefen in der Jubiläumsschrift: „... Da ich von ABEL in Berlin erzählen will, merke ich, daß ich eine Erklärung machen muß, die ich längst gegeben haben sollte. Wir müssen Professor BJERKNES danken für das sorgfältige Sammeln all der kleinen Züge, welche die verschiedenen Umstände in ABELS Leben beleuchten können und die so die Kenntnis, die wir aus den Briefen von ihm selbst und von seinen Freunden haben, vervollständigen helfen. Diese Mitteilungen von Professor BJERKNES sind so reichhaltig und haben in solchem Grade erfaßt, was an Tradition zu retten war, daß es unmöglich war, ihn an jeder Stelle als Quelle zu nennen. Man kann ziemlich sicher davon ausgehen, daß dort, wo keine besondere Quelle zitiert ist oder ein anderer Gewährsmann genannt ist, alles, was erzählt ist, oder die Betrachtungen, die angestellt sind, im wesentlichen darauf beruhen, was er gesammelt hat."

BJERKNES tat selbst nichts dazu, eine Übersetzung seiner Biographie zu erreichen. Aber der angesehene Mathematiker HOUËL in Bordeaux, der gewisse Sprachkenntnisse hatte, bot an, sie zu übersetzen, obwohl er, wie er schrieb, „in den slawischen Sprachen nicht sehr zu Hause war". Es wurde eine harte Arbeit, sowohl für ihn wie für BJERKNES. Aber beide trieb die gleiche Liebe. Trotz seiner dauernd abnehmenden Gesundheit gab HOUËL bei keinen Schwierigkeiten nach. Seine Übersetzungsversuche gingen oft drei-, viermal hin und zurück zwischen Bordeaux und Christiania. Keine Mühe wurde gescheut, um den rechten Ausdruck zu finden. An mehreren Stellen schrieb BJERKNES auch ergänzende Abschnitte. Auf diese Weise dauerte die Übersetzung zwei ganze Jahre und war die letzte Kraftanstrengung des sympathischen HOUËL. Kurz nachdem das Buch 1885 gedruckt war, starb er und hatte nicht einmal seinen Namen als Übersetzer auf das Titelblatt gesetzt. Seine einzige Triebfeder war seine Sympathie und Bewunderung für „den größten Mathematiker, der je gelebt hat" gewesen, wie er in seinen Briefen schrieb. HOUËLS Zurückhaltung veranlaßte mehrere aus warmem Herzen geschriebene Briefe von BJERKNES, einen an HOUËL selbst und zwei nach seinem Tode an die Société des Sciences Physiques et Naturelles in Bordeaux, die die Herausgabe bezahlt hatte. Diese Briefe wurden später in einer Schrift zur Erinnerung an HOUËL gedruckt.

Als erste vollständige Darstellung des Lebens unseres bedeutenden Landsmannes mußte das Buch im Ausland großes Interesse finden, um so mehr, als die Bewunderung für ABEL — das gilt bis heute — ständig im Steigen begriffen ist. Aber es läßt sich nicht leugnen, daß dieses Interesse bei vielen von Anfang an verdunkelt wurde durch den Unwillen, den die Störung der traditionellen Auffassung des edlen Wettstreites hervorrief. Sie erregte heftigen Widerspruch und Angriffe auf den Störenfried. BJERKNES ergriff nie das Wort zu einer Erwiderung. Es genügte ihm, daß der Unwille sich gegen ihn und nicht gegen ABEL richtete. Und er fühlte sich in seiner Beweisführung sicher. Aus den eingehenden Entgegnungen, die in Aussicht gestellt waren, wurde nicht viel. Aber die eingehenderen Studien des historischen Zusammenhanges, welche die Folge waren, veränderten nach und nach die alten Ansichten. Jetzt wird ABEL durchweg als der von JACOBI ganz unabhängige Entdecker der elliptischen Funktionen dargestellt, während JACOBIS Verdienste zu einem „schönen und wichtigen Weiterbauen" geworden sind, um einen Ausdruck von BJERKNES zu benutzen. Und um noch einmal auf den peinlichen Punkt zurückzukommen, so hat JACOBIS Biograph nur konstatieren können, daß ABELS Abhandlung noch früher nach Königsberg, wo JACOBI wohnte, gekommen war, als BJERKNES angenommen hatte, und daß BESSEL JACOBI ausdrücklich auf die Abhandlung aufmerksam gemacht hat und ihn um seine Meinung über die neuen Gesichtspunkte, auf denen sie aufgebaut war, gefragt hat. Die Frage hat sich also darauf zugespitzt, ob JACOBI auch daraufhin noch ABELS Abhandlung einen Monat oder mehr unbeachtet liegengelassen hat. JACOBIS Biograph meint seine Gründe zu haben, dies zu glauben.

Wir sind hier auf einem Punkt angelangt, wo es niemand wundern kann, wenn persönliche und nationale Sympathien ihren Einfluß auf die Ansichten der verschiedenen Verfasser ausüben. In dieser Verbindung scheint es mir am Platz zu sein, folgende Worte eines späteren französischen Biographen von ABEL zu zitieren: „Was die Prioritätsfrage angeht, so lese man die hübschen Studien in BJERKNES' Buch. Ich weiß, daß man seine Ausführungen zugunsten ABELS bekämpft hat; es ist wahr, daß sie nicht ganz unparteiisch sind, und der Leser sieht leicht, wo der Fehler steckt. Aber man werfe dies nicht dem Verfasser vor; die Schönheit des Buches liegt eben in dem Mitgefühl für einen Landsmann, aus dem heraus es geschrieben ist. Gott bewahre uns vor dem Historiker, der weder einer Zeit noch einem Lande angehört."

Diese neue Darstellung des historischen Eigentumsrechtes, wo es einer großen Entdeckung galt, zog zuerst die Aufmerksamkeit auf sich. Eine Zeitlang verdeckte sie die Hauptsache. Aber je mehr Abstand man von der Streitfrage gewann, um so mehr konnte das Buch zu dem werden, wofür es geschrieben war: zu einem ergreifenden Bilde von ABELS Leben und Persönlichkeit, gesehen gegen den Hintergrund der unsterblichen ABELschen Werke. Unter dem Eindruck dieses Bildes kamen die fremden Gäste 1902 zum ABEL-Fest. Das gab dem Feste seine eindrucksvolle Stimmung. Ein Mathematiker aus Südeuropa drückte es mit den Worten aus: „Wir bewundern viele Mathematiker. Aber wir lieben Abel."

BJERKNES' Arbeit an ABELS Biographie und sein Kampf für ABELS Recht fielen gerade in die Jahre, wo er mehr denn je sich auf seine eigene Arbeit hätte konzentrieren sollen. Aber er bereute nie, was er damit geopfert hatte.

Frau ALETTA BJERKNES.   C. A. BJERKNES.
Um 1903.

Schluß.

BJERKNES war weit davon entfernt, ein Mann des praktischen Handelns zu sein. Hätte er Gaben dieser Art gehabt oder wenigstens etwas persönliches Draufgängertum, das ihn in Verbindung mit denen gebracht hätte, die etwas für ihn tun konnten, so wäre seine Laufbahn sicher eine ganz andere geworden. Aber jeder Schritt persönlicher Aufdringlichkeit war ihm zuwider.

Daß ein Mann mit seinem Mangel an praktischem Sinn in drückender wirtschaftlicher Lage blieb, auch als er seine Stellung als norwegischer Beamter erhalten hatte, versteht sich von selbst. Die Lehrerstelle, die er 1859 an der militärischen Hochschule erhalten hatte, sah er sich aus wirtschaftlichen Gründen genötigt, neben seiner Lektoren- und späteren Professorenstellung zu behalten. Es wäre von großem Vorteil für seine wissenschaftliche Arbeit gewesen, wenn er sich von diesem Nebenamt hätte freimachen können. Aber selbst so kamen wir nur gerade aus. Es war für ihn, wie für viele seiner Kollegen, schwer, sich durch die große Teuerung der siebziger Jahre hindurchzukämpfen. Am meisten traf sie ihn gerade in den kritischsten Jahren seiner wissenschaftlichen Arbeit. Das kleine Erbteil, das er durch den Verkauf des Hauses seiner Mutter erhalten hatte, ging in diesen Jahren bis zum letzten Schilling drauf, aber vielleicht war diese Reserve, die seine Kräfte schonte, die Ursache, daß schließlich doch der glückliche Durchbruch in seiner wissenschaftlichen Arbeit kommen konnte. Wäre er genötigt gewesen, das sehr günstige Angebot einer Extraarbeit in der Lebensversicherungsbranche anzunehmen, das er gerade in der kritischsten Zeit erhielt, so kann man nicht wissen, wie weit der Rest seiner Kräfte gereicht hätte.

Es war unausbleiblich, daß der wirtschaftliche Druck an ihm zehrte. Mit seiner unpraktischen Natur sah er die Lage vielleicht auch noch ungünstiger, als sie war. Aber glücklicherweise übernahm seine Frau allmählich alles, was mit dieser Seite des Lebens zu tun hatte. Dadurch wurden ihm die täglichen Kleinigkeiten erspart. Eine Erleichterung in wirtschaftlicher Hinsicht erlebte er erst in seinen letzten Jahren, als alle Kinder versorgt waren. Da konnten die beiden Alten auch ihr früheres Reiseleben im Sommer wiederaufnehmen, was sie beide sehr genossen.

Unser Heim kannte keinen großen Luxus. Der einzige war der Umzug aufs Land im Sommer und ein einfacher Verkehr mit den nächsten Verwandten und Freunden. Es war eine ernste Schwierigkeit für BJERKNES, wenn er gegenüber ausländischen Kollegen repräsentativ auftreten mußte. Aber diese Feste erhielten immer einen gewissen Glanz, nicht durch die Bewirtung, sondern durch seine Begabung als Gesellschafter in einem kleinen Kreis und seine Gelegenheitsreden, die niemals ihre Wirkung verfehlten.

Im Gespräch war er lebhaft, unterhaltend, geistreich und gern spaßhaft. Er sprach gern mit allen, die er traf, und über alles mögliche. Aber er mußte es erleben, daß sein Gehör frühzeitig abnahm. Als er in den Fünfzigern war, wurde es ihm schon schwer, einem Gespräch zwischen mehreren zu folgen. Das machte ihn in seinen alten Tagen einsam, man sieht es auch auf dem letzten Bild, das von ihm gemacht ist (S. 206). Gleichzeitig verlor er auch das Gehör für Musik, so daß er nicht mehr wie in jüngeren Jahren singen konnte. Er gab auch das Geigenspiel auf.

Zu unseren liebsten Erinnerungen aus unserer Kindheit gehörte sein Vorlesen. Wenn ich mein eigenes Urteil aussprechen soll, so kann ich nur sagen, daß ich nie einen besseren Vorleser gehört habe. Dabei war keine Spur von Schauspielerei oder Deklamation. Alles kam einfach und natürlich heraus, aber mit einer fast unmerklichen Nuancierung, die alles lebendig machte. Viele Jahre lang las er ständig abends vor, während die übrigen Mitglieder der Familie, jedes mit seiner Arbeit, dabeisaßen. Das waren die Feststunden der Familie. In unserer Kindheit begann er mit COOPERS Indianergeschichten. Dann folgten WALTER SCOTT, DICKENS, FRITZ REUTER, dazwischen unsere Volksmärchen, ASBJÖRNSENS Feenmärchen, ab und zu SHAKESPEARE, später IBSENS Dramen, KJELLANDS Romane, an denen er immer viel Vergnügen fand, usw. So sehr er persönlich BJÖRNSON schätzte, so lag ihm das Vorlesen seiner Dichtungen oder Erzählungen weniger gut. Aber mit um so größerer Freude las er seine Zeitungsartikel, über die er sich immer sehr amüsierte, ob er nun mit ihm einig war oder nicht. Bei dem regelmäßigen Vorlesen führte er streng durch, daß er nie mehr als ein, höchstens zwei Kapitel hintereinander las. Dadurch hielt sich das Interesse immer frisch. Wir waren immer gespannt, was der Abend bringen würde. Es war unser Ersatz für die Theaterabende, ein Luxus, der in unserer Familie nie vorkam. Aber leider nahm auch seine Gabe des Vorlesens ab und verlor ihre Natürlichkeit in dem Maße, wie seine Taubheit vorschritt.

Ohne Zweifel beruhte seine Begabung als Vorleser vor allem auf der Intensität, mit der er alles erlebte, was er las, gleichgültig, was es war. Die ganze Stimmung kam heraus, bei DICKENS z. B. ebenso in den komischsten wie in den rührendsten Szenen, bei SHAKESPEARE ebenso in den Szenen zwischen HAMLET und dem Totengräber wie zwischen HAMLET und OPHELIA, oder in BRUTUS' und ANTONIUS' Reden an CÄSARS Bahre.

In naher Verbindung mit seiner Begabung als Vorleser stand auch seine Begabung als Gelegenheitsredner. Sie wurde nicht weiter bekannt außerhalb des engen Kreises bei den gesellschaftlichen Zusammenkünften der Familie und guter Freunde. Seine Reden hatten nie die Länge und Breite, die auf einer leichten Zunge beruhen. Sie waren immer sehr einfach, in der Regel um irgendeine Pointe herum angelegt, war sie nun humoristisch oder ernst. Wenn er Gelegenheit dazu hatte, bereitete er gern die Pointe der Rede vor. Aber er war auch nicht bange davor, sich zu einer reinen Improvisation zu erheben, und auch dann blieb die Pointe nicht aus. Sie war immer ein unmittelbarer Ausdruck der Stimmung. Wenn er selbst der Wirt war, hielt er oft viele Reden. Wir freuten uns immer, wenn wir merkten, daß dies seine Absicht war. Er langweilte nicht. Es war immer etwas Neues und Überraschendes in jeder neuen Rede enthalten. Ich erinnere mich besonders an einen Lunch für die skandinavischen Mathematiker bei der Naturforschertagung in Christiania 1886, wo jeder der stark eigenartigen Gäste seine besondere Rede erhielt und er zum Schluß mit einer Erinnerungsrede auf den soeben verstorbenen Professor HOUËL endete, dem Übersetzer der ABEL-Biographie, die so ergriff, daß mehr als einem der Gäste Tränen in den Augen standen.

Ich habe mit Absicht so ausführlich bei dieser Eigenschaft von ihm verweilt. Sie beruhte bei ihm nicht auf einer besonderen formalen Meisterschaft in der Beherrschung der Sprache. Sie beruhte auf etwas Tieferem, auf der Fähigkeit, sich ergriffen zu fühlen, sei es von einer Stimmung oder einer Idee. Ich glaube, daß darin vor allen Dingen seine besondere Stärke lag, die sein Leben zu dem machte, was es für ihn wurde.

Hieraus entsprang seine Freude an der Natur, die so viel dazu beitrug, seinem Leben Inhalt zu geben, nachdem sie erst einmal in ihm, wie er selbst erzählte durch SIMON OLAUS WOLF, erweckt worden war. Sie war die Grundlage seiner Vaterlandsliebe, die ihre Wurzeln in der Zeit seiner Jugend hatte, der Zeit der neugewonnenen Freiheit und der schweren Vaterlandssorgen. Aus dieser Fähigkeit, ergriffen zu werden, war auch seine Abelbiographie entstanden, und hatte vielleicht auch die formale Vollkommenheit eingebüßt, die ein kühlerer Meister ihr gegeben haben könnte.

Ich irre mich kaum, wenn ich auch sein Interesse für die Mathematik auf dieselbe Quelle zurückführe. Es entsprang nicht einer angeborenen, besonders hoch entwickelten Fähigkeit, den mathematischen Formelapparat zu meistern. Es entstand dadurch, daß er sich von der unvergleichlichen Schönheit und Harmonie dieser Wissenschaft ergriffen fühlte. Daher rührte der Ernst, der Respekt vor der mathematischen Genauigkeit, der sich in seiner Arbeit sowohl wie in seinen Vorlesungen ausprägte und der seinen sichtbarsten Ausdruck in der Zierlichkeit und Sorgfalt fand, mit der er jede einzelne Formel in seinen Manuskripten und an der Tafel schrieb.

Schließlich war es in ausgeprägtem Maße die Fähigkeit, von einer Idee ergriffen zu werden, welche bestimmend wurde für die wissenschaftliche Aufgabe, die er wählte und an der er sein ganzes Leben lang festhielt. Die Idee ergriff so stark Besitz von ihm, daß er sie nicht wieder fahrenlassen konnte, wie große Schwierigkeiten sich ihm auch in den Weg stellten, ehe er Gelegenheit fand, mit ihr zu beginnen, wie hoffnungslos es auch während der jahrelangen Arbeit aussehen mochte, wie sehr ihm auch seine Kollegen zu verstehen gaben, daß er auf unfruchtbare Wege geraten war. Trotz allem hielt er aus, bis der Durchbruch kam, als er schon hoch in die Jahre gekommen war. Hätte er sich dann in ein kühleres Verhältnis zu seinem Werk stellen können, so wäre es ihm vielleicht besser gelungen, es zu formeller Vollendung zu bringen. Aber wie es so oft geht: Seine Stärke wurde zuletzt auch seine Schwäche.

EIEBAKKES Gemälde (S. 183), das im Kollegienzimmer der Universität hängt, gibt unübertrefflich den Ernst bei seiner Arbeit wieder. ELLING HOLST hatte durchgesetzt, daß er gemalt werden sollte. Aber BJERKNES konnte sich nicht vorstellen, daß er Zeit für die Sitzungen finden könnte. Es wurde daraufhin so geordnet, daß der Maler sich in seinem Studierzimmer aufhalten durfte und malen, was er malen konnte. So hatte EIEBAKKE ein halbes Jahr lang seine Staffelei in BJERKNES' Arbeitszimmer stehen, an einigen

Tagen gelang es ihm, etwas zu machen, an anderen nicht. Einmal kam er voller Verzweiflung zu Frau BJERKNES und sagte, daß er mehrere Tage lang nichts hatte ausrichten können: „Der Herr Professor hat nicht den richtigen Ausdruck. Er arbeitet sicher nicht in der Mathematik." Sie untersuchte die Sache, und es verhielt sich so; er hatte eine Arbeit anderer Art vor. Aber dann nahm er seine mathematische Arbeit wieder auf, und EIEBAKKE konnte an seinem Gemälde weiter arbeiten.

BJERKNES gehörte zu jener Generation von Gelehrten, die es sich noch erlauben konnten, alles um sich herum zu vergessen und ganz in ihrer Arbeit zu versinken, ein Typus, den das nervöse Leben unserer Zeit unbarmherzig ausrottet. Das brachte ihn in ein immer rührenderes Verhältnis der Abhängigkeit zu seiner Frau im großen und kleinen. Sie wurde das Zwischenglied zwischen ihm und dem Leben um ihn. Wenn wir in den Ferien aufs Land reisen wollten, saß er und schrieb bis zum letzten Augenblick, bis Frau BJERKNES kam und seine Papiere verlangte, um sie einzupacken. „Hast du einen Tisch für mich, Mama, einen Tisch?" kam er einmal fragend zu ihr. „Nicht *bei* mir", mußte sie antworten. Aber der Tisch wurde herbeigeschafft, ich weiß nicht mehr zu welchem Zweck damals. Oder um ein anderes Beispiel zu nennen, so war er im Herbst 1881 sehr unglücklich, weil er glaubte, daß es unmöglich wäre, wieder nach Paris zur elektrischen Ausstellung zu kommen zu der Zeit, wo das Interesse an seinen Experimenten am größten war. Er glaubte, er bekäme nicht den dazu notwendigen Urlaub von der militärischen Hochschule. Da ging sie ohne sein Wissen zum Inspektionsoffizier der Hochschule und erkundigte sich, ob wirkliche Hindernisse vorlagen. Das war nicht der Fall. Da ermunterte sie ihren Mann, sich doch zu erkundigen, ob es nicht eingerichtet werden könne. Er kam strahlend nach Hause und erzählte, daß alles ohne Schwierigkeit gegangen war. Aber er wäre sehr unglücklich gewesen, wenn er erfahren hätte, wie die Sache zugegangen war, und er erfuhr es auch nie. Auf diese Weise hat seine Frau ihm unzählige Male den Weg geebnet.

Am 20. März 1903 erhob er sich zum letztenmal von seinem Arbeitstisch, um in seine Vorlesung zu gehen, wie gewöhnlich etwas spät, so daß er sich beeilen mußte. Wie immer ging er rasch durchs Zimmer und sagte einige ermunternde Worte zu seiner Frau, die an dem Tage nicht ganz wohl war. Er ging rasch durch den Schloßpark, schwang den Stock und lief ab und zu, wie er zu tun pflegte, um nicht zu spät zu kommen. Seine Vorlesung hielt er wie gewöhnlich klar und sorgfältig, man konnte ihm nichts anmerken, erzählten seine Zuhörer. Auf dem Rückweg ging er zusammen mit Professor HELLAND, als er am Fuß des Schweigaarddenkmals vom Gehirnschlag getroffen plötzlich zusammensank. HELLAND legte ihn vorsichtig nieder. Er wurde in sein Heim gebracht und verschied am selben Abend, ohne das Bewußtsein wiedererlangt zu haben.

Frau BJERKNES überlebte ihren Mann um zwanzig Jahre. Sie führte ein tätiges Leben, besonders war sie ein eifriges Mitglied des Sanitätsvereins norwegischer Frauen. Ein bescheidenes Kapital, das sie zum größten Teil in ihrer Witwenzeit erspart hatte, hat sie in ihrem Testament der Universität vermacht als Notstipendium für einen Studenten. Sie konnte nie die bedrängte und schwere Studienzeit ihres Mannes vergessen und sagte, sie wäre froh, wenn sie wenigstens einem, der es verdiente, dazu helfen könnte, leichter durchzukommen.

In seiner Forschung war BJERKNES ganz seine eigenen Wege gegangen. Kein Lehrer hatte ihn dazu angeregt, das Problem aufzugreifen, dem er sein Leben weihte. Als er damit begann, stand die Arbeit in direktem Gegensatz zum Geist der Zeit. Er erhielt keine Ermunterung. Man sagte ihm voraus, daß das Ganze vergebens sein werde. Aber er hielt aus. Wo man vorausgesagt hatte, daß nichts Einfaches und Gesetzmäßiges herauskommen könnte, entdeckte er eine ganz neue Welt der Gesetzmäßigkeit und Harmonie.

Seine Forschung hat dadurch positive Resultate ergeben, die als unumstößliche Tatsachen für alle Zeiten bestehen bleiben werden, was sie auch letzten Endes bedeuten mögen. Sie haben einen interessanten Zusammenhang mit wichtigen technischen Problemen. Sie haben indirekt den Anstoß zu einer mehr physikalischen Richtung in der Hydrodynamik gegeben, die für die Erforschung der Mechanik der Luft und des Meeres bedeutungsvoll geworden ist. Es ist eine sich immer wiederholende Erfahrung: Wird ein genügend wichtiges Problem einmal gelöst, so trägt das in Richtungen Frucht, die für den Forscher selbst ganz unerwartet sein können.

Aber eine Frage drängt sich vor allem auf: Welche Schlüsse dürfen wir aus diesen Tatsachen für die Fragen ziehen, die BJERKNES zu seinem Werk anregten? Ist der Raum voll oder leer? Existiert eine Fernwirkung durch den leeren Raum, oder existiert sie nicht? Können die neuen Tatsachen hier zur Entscheidung beitragen?

Zur Zeit wird unter den Physikern keine Einstimmigkeit über die Antwort herrschen. Was die Ziele und Mittel der physikalischen Forschung betrifft, so haben die Auffassungen im letzten Menschenalter große Schwingungen durchgemacht. Wir haben oben nur die Einleitungsphase des großen Umschwungs betrachtet. Einstimmigkeit scheint insofern zu herrschen, als die Zeit der alten Fernwirkungslehre vorbei ist. Was früher als unvermittelte Fernwirkung gedeutet wurde, beruht auf dem *Dazwischenliegenden*. Aber wenn man fragt, was dieses Dazwischenliegende ist und wie es seine Wirkung geltend macht, so beginnt die Uneinigkeit.

Wie schlagend die BJERKNESschen Fernwirkungserscheinungen auch den elektrischen und magnetischen gleichen, so hat bis jetzt eine Verschmelzung mit der MAXWELLschen Theorie nicht gelingen wollen. Die Schwierigkeiten, die man bei allen Bemühungen, den Mechanismus der elektromagnetischen Erscheinungen zu finden, getroffen hat, haben zu neuen Problemstellungen geführt. Man hat versucht, den Gedanken aufzugeben, daß das Dazwischenliegende, das die Fernwirkungen überträgt, etwas Materielles ist. Es gibt wieder einen leeren Raum, wie in der Zeit der Fernwirkungen. Aber Fernwirkungen im alten Sinne existieren trotzdem nicht. Denn man legt diesem Raum — oder dem allgemeineren Begriff Zeit-Raum — Eigenschaften gegenüber den Zeit- und Raummaßen zu, die bestimmte physikalische Folgen haben. Sie veranlassen den Raum, auf die Körper im Raum einen ähnlichen Zwang auszuüben, wie — um sich an das anschaulichste Beispiel zu halten — das Wasser auf die pulsierenden Körper in BJERKNES' Experiment.

In der Form, wie die Frage jetzt auftritt, scheint sie daher nicht mehr der vermittelten oder unvermittelten Fernwirkung zu gelten, sondern zwei verschiedenen Prinzipien der Vermittlung: der mechanischen nach dem alten EULERschen Gedanken, kraft der Ausdehnung, Undurchdringlichkeit und Trägheit der Körper; oder der geometrischen nach EINSTEIN, kraft der Zeit-Raum-Eigenschaften, welche dem Ziele angepaßt werden. In beiden Fällen ist die Selbstbehauptung der Körper die Grundlage. Aber nach der einen Auffassung ist die Selbstbehauptung von der anschaulichen Art, die wir vor unsern Augen sehen, wenn zwei Körper um denselben Platz im Raum kämpfen. Nach der anderen Auffassung ist es die Selbstbehauptung der Körper gegenüber unsichtbaren Raumeigenschaften, denen wir nur in der Formelsprache der Mathematik Ausdruck verleihen können.

Welche Auffassung schließlich am weitesten führen wird, die unmittelbar anschauliche EULERsche oder die sublim mathematische EINSTEINsche, kann nur die Zukunft erweisen. Heutzutage geht das Interesse der Theoretiker dahin, zu versuchen, wie weit man auf dem EINSTEINschen Weg kommen kann. Aber selbst wenn es gelingt, auf diesem Wege ganz bis ans Ziel zu kommen und sowohl die Gravitation als die elektrischen und magnetischen Fernwirkungen auf Zeit-Raum-Eigenschaften zurückzuführen, ohne daß man ein raumfüllendes Medium mit materiellen Eigenschaften braucht, so wird eine Schwierigkeit zurückbleiben. Das ist die Existenz von solchen Erscheinungen überhaupt, von denen die von BJERKNES gefundenen ein Beispiel sind: die Existenz von Fernwirkungserscheinungen, die nicht durch Zeit-Raum-Eigenschaften vermittelt werden, sondern durch materielle Medien.

Solche Erscheinungen scheinen dann keine vernünftige raison d'être mehr zu haben. Man sträubt sich, anzunehmen, daß die Natur dasselbe, in den kleinsten Einzelheiten dasselbe, auf zwei ganz verschiedene Weisen macht. Man wird dazu kommen, nach einer gemeinsamen Ursache zu suchen, vielleicht z. B. in der Richtung, daß zum Schluß kein wirklicher Unterschied mehr besteht zwischen einem Raum, der mit den EINSTEINschen Eigenschaften ausgerüstet ist, und einem Raum, der mit einem Medium materieller Art gefüllt ist.

Aber diese Vermutungen, welchen Weg die Entwicklung in der Zukunft nehmen wird, nützen wenig. Jeder, der seine Lebensarbeit für eine große Idee einsetzt, läuft die Gefahr, daß das Urteil der Zukunft ganz anders ausfällt, als er sich gedacht hat. Ganz neue Bahnen kann man nicht unter anderen Bedingungen betreten. BJERKNES war sich dieses Risikos vollkommen bewußt. Und er nahm es auf sich.

Anhang.

HOLMBOES Brief an BJERKNES über das Studium der Mathematik.

Christiania, den 13. September 1849.
Lieber BJERKNES!

Ihr geehrtes Schreiben vom 8. ds. M., worin Sie mich um eine Anweisung in betreff des Studiums der Mathematik ersuchen, habe ich empfangen, und es soll mich freuen, wenn meine Bestrebungen, Ihren Wunsch zu erfüllen, Sie zufriedenstellen können. Als das Beste, was ich in dieser Hinsicht anzuführen weiß, will ich einige Notizen über LAGRANGE mitteilen und einige Regeln und Bemerkungen von ihm, die das Studium der Mathematik betreffen, die ich vor ungefähr dreißig Jahren in LINDENAU und BOHNENBERGERS Zeitschrift für Astronomie fand und von dort abschrieb. Es heißt dort über LAGRANGE:

,,Il s'effrayait pour ceux, qui aspiraient à des véritables succès dans l'étude de l'analyse, des progrès immenses, qu'elle avait faits depuis le temps de ses premiers travaux. Il disait une fois avec cette naiveté, qui ne le rendait pas moins intéressant que son génie, et en montrant une pile d'ouvrages modernes déposée sur sa table: ‚Je plains les jeunes géomètres qui ont tant d'épines à avaler. Si j'avais à recommencer, je n'étudierais pas: ces gros en $4°$ me feraient trop peur.' Il ajouta peu après: On aura beau faire, les vrais amateurs devront toujours lire EULER, parce que dans ses écrits tout est clair, bien dit, bien calculé, parce qu'ils fourmillent de beaux exemples, et qu'il faut toujours étudier dans les sources.

Sa grande réputation l'exposait à être souvent consulté par ceux qui voulaient faire des progrès dans la géométrie, et qui pensaient avec raison qu'il pourrait aisément leur indiquer la meilleure direction à imprimer à leurs travaux. Mais il aimait peu à donner des conseils de ce genre: il avait si parfaitement étudié seul et sans guide, qu'il croyait de bonne foi les autres aussi heureusement nés que lui. Sa réponse ordinaire était, qu'en géométrie il ne faut de maître et qu'on n'apprend bien que ce qu'on apprend soi même, ou quand on insistait: Étudiez EULER, et attachez-vous à résoudre tous les problèmes, que vous rencontrerez; car en lisant la solution d'un autre vous n'appercevrez ni les raisons, qu'il a eues pour se tourner de tel ou tel côté, ni les difficultés, qu'il a trouvées sur son passage."

Un jour qu'il m'entretenait de cette répugnance à donner des directions et à conseiller une manière d'étudier plutôt qu'une autre, il la rapporta à ce qu'il n'avait jamais eu de maître ni de compagnon dans ses travaux en sorte que les occasions de traiter ce sujet lui ayant manqué il n'en avait point l'habitude. ,,Ce n'est pas — continua-t-il — que je n'eusse pu en parler comme un autre; car je crois avoir bien réfléchi de bonne heure sur la meilleure marche à suivre dans l'étude de l'analyse et je m'étais fait un certain nombre de principes que j'ai toujours fidèlement suivi et que je vais vous citer:

,,Je n'étudiais jamais dans le même temps qu'un seul ouvrage, mais s'il était bon, je le lisait jusqu'à la fin.

,,Je ne me hérissais d'abord contre les difficultés, mais je les laissais pour y revenir ensuite vingt fois s'il le fallait; si après tous ces efforts je ne comprenais pas bien, je cherchais comment un autre géomètre avait traité ce point-la.

,,Je ne quittais point le livre, que j'avais choisi sans le savoir et je passait tout ce que je savais bien quand je le rencontrais de nouveau.

,,Je regardais comme assez inutile la lecture des grands traités d'analyse pure: Il y passe à la fois un trop grand nombre de méthodes devant les yeux. C'est dans les ouvrages d'applications, qu'il faut les étudier: on y juge de leur utilité, et on y apprend la manière de s'en servir. Selon moi c'est aux applications qu'il convient surtout de donner son temps et sa peine; et il faut se borner en général à consulter les grands ouvrages sur le calcul, à moins qu'on ne rencontre des méthodes inconnues, ou curieuses par leurs usages analytiques.

,,Dans mes lectures je réfléchissais principalement sur ce qui pouvait avoir guidé mon auteur à telle ou telle transformation ou substitution et à l'avantage qui en resultait; après quoi je cherchais si telle autre n'eut pas mieux réussi, afin de me façonner à pratiquer habilement ce grand moyen de l'analyse.

,,Je lisais toujours la plume à la main, développant tous les calculs et m'exercant sur toutes les questions que je rencontrais et je regardais comme une excellente pratique celle de faire l'analyse des méthodes et même l'extrait des résultats quand l'ouvrage était important ou estimé.

,,Des mes premiers pas j'ai cherché à approfondir certains sujets pour avoir occasion d'inventer; et de me faire autant que possible des théories à moi sur les points essentiels, à fin de les mieux graver dans ma tête, de me les rendre propres, et m'exercer à la composition.

,,J'avais soin de revenir fréquemment aux considérations géométriques que je crois très propres à donner au jugement de la force et de la netteté.

,,Enfin je n'ai jamais cessé de me donner chaque jour une tâche pour le lendemain. L'esprit est paresseux, il faut prévenir sa lâcheté naturelle et le tenir en haleine pour en développer toutes les forces et les avoir prêtes au besoin; il n'y a que l'exercice pour cela. C'est encore une excellente habitude que celle de faire, autant qu'on le peut, les mêmes choses aux mêmes heures en réservant les plus difficiles pour le matin. Je l'avais prise du Roi de Prusse, et j'ai éprouvé que cette régularité rend peu à peu le travail plus facile et plus agréable."

Es wird gewiß jedem gut tun, diese Regeln zu befolgen. Was LAGRANGE seinerzeit von EULER sagte, gilt wohl noch, aber wegen der Fortschritte der Wissenschaft jetzt eher von LAGRANGE, aber in noch höherem Maße von CAUCHY, diesem großen Reformator der Mathematik. Man muß mit seiner Cours d'Analyse de l'Ecole Royal Polytechnique beginnen, dann sein Calcul Différentiel et Intégral lesen und seine Applications du Calcul Infinitésimal à la Géométrie. Dann muß man seine Exercices des Mathématiques lesen, die Zeitschrift, die er 1826 gründete. Die wesentlichsten von seinen Entdeckungen sind inzwischen von Abbé MOIGNO in seinen Leçons du Calcul Différentiel et du Calcul Intégral gesammelt, wovon zwei Bände erschienen sind, der letzte 1844, einen dritten Band hat er begonnen, aber er ist, soviel ich weiß, noch nicht herausgekommen. Dieses Werk ist für die Jetztzeit ebenso wichtig wie LACROIX' Traité du Calcul Différentiel et du Calcul Intégral in drei dicken Quartbänden es für seine Zeit war, das man aber jetzt zum Teil als veraltet ansehen muß. Außer CAUCHY verdienen besonders ABEL und JACOBI fleißig studiert zu werden. Indem ich Ihnen zu Ihrem Entschluß Glück wünsche, hoffe ich, daß Sie, ob Sie nun mehr oder minder tief in die Wissenschaft eindringen, im Forschen nach der Wahrheit solche Befriedigung finden, daß die darauf verwendete Zeit wohl angewandt ist.

Ihr immer ergebener
B. HOLMBOE.

MIX
Papier aus verantwortungsvollen Quellen
Paper from responsible sources
FSC® C105338

If you have any concerns about our products,
you can contact us on
ProductSafety@springernature.com

In case Publisher is established outside the EU,
the EU authorized representative is:
**Springer Nature Customer Service Center GmbH
Europaplatz 3, 69115 Heidelberg, Germany**

Printed by Libri Plureos GmbH
in Hamburg, Germany